U0309437

航天科技图书出版基金资助出版

航天电子系统
最坏情况电路分析技术

任立明　时晓东　张云中　曹　鹏　著

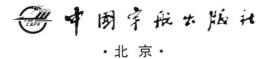

中国宇航出版社

·北京·

图书在版编目（CIP）数据

航天电子系统最坏情况电路分析技术 / 任立明等著

. -- 北京：中国宇航出版社，2019.12

ISBN 978 - 7 - 5159 - 1742 - 9

Ⅰ.①航… Ⅱ.①任… Ⅲ.①航天器可靠性－电路分
析－研究 Ⅳ.①V417

中国版本图书馆 CIP 数据核字（2019）第 301513 号

责任编辑 赵宏颖　　　**封面设计** 宇星文化

出　版
发　行　　**中国宇航出版社**

社　址　北京市阜成路 8 号　　**邮　编**　100830
　　　　　（010）60286808　　　（010）68768548
网　址　www.caphbook.com
经　销　新华书店
发行部　（010）60286888　　　（010）68371900
　　　　　（010）60286887　　　（010）60286804（传真）
零售店　读者服务部　　　　　（010）68371105
承　印　天津画中画印刷有限公司

版　次　2019 年 12 月第 1 版
　　　　　2019 年 12 月第 1 次印刷
规　格　787×1092
开　本　1/16
印　张　10.5
字　数　256 千字
书　号　ISBN 978 - 7 - 5159 - 1742 - 9
定　价　58.00 元

本书如有印装质量问题，可与发行部联系调换

航天科技图书出版基金简介

航天科技图书出版基金是由中国航天科技集团公司于 2007 年设立的，旨在鼓励航天科技人员著书立说，不断积累和传承航天科技知识，为航天事业提供知识储备和技术支持，繁荣航天科技图书出版工作，促进航天事业又好又快地发展。基金资助项目由航天科技图书出版基金评审委员会审定，由中国宇航出版社出版。

申请出版基金资助的项目包括航天基础理论著作，航天工程技术著作，航天科技工具书，航天型号管理经验与管理思想集萃，世界航天各学科前沿技术发展译著以及有代表性的科研生产、经营管理译著，向社会公众普及航天知识、宣传航天文化的优秀读物等。出版基金每年评审 1～2 次，资助 20～30 项。

欢迎广大作者积极申请航天科技图书出版基金。可以登录中国宇航出版社网站，点击"出版基金"专栏查询详情并下载基金申请表；也可以通过电话、信函索取申报指南和基金申请表。

网址：http://www.caphbook.com

电话：(010) 68767205，68768904

序

　　中国航天是我国自力更生、艰苦奋斗、全社会协同、勇于登攀、顽强拼搏发展起来的一张亮丽工业名片，是中国工业界在高技术领域中率先跻身世界先进行列并取得显著社会经济效益的代表。当前我国正走在从航天大国向航天强国迈进的伟大征程中。在中国航天取得举世瞩目成绩的同时，我们应该清醒地认识到，由于系统本身的复杂性，航天工程系统仍然是具有极高风险的复杂工程系统。

　　近年来国内外重大航天事故频仍，背后的重要原因之一，是在航天系统工程过程的各个环节仍广泛存在着各种偏差和不确定性。偏差和不确定性识别和控制不到位，就会导致所谓"成熟型号和产品"的质量可靠性风险。案例表明，航天器内部器件参数容差和性能退化，叠加上空间环境的影响，可能严重影响航天器在轨性能、缩短航天器在轨寿命，甚至使航天器出现寿命期内在轨失效；运载火箭关键部件制造环节或关键过程参数的超差或偏离，可能导致系统性能超包络，严重时也将导致发射和飞行失败。

　　国内外很多书籍和文献中都提到了最坏情况（Worst Case，WC）的概念，用以指代会导致系统性能失效或严重降级的各类偏差和不确定性或其组合的最恶劣情况。在中国航天的实践中，甚至出现过各类参数均未超出历史极值但系统性能出现超历史包络的情况，表明了最坏情况条件识别和控制的复杂性。尽管如此，航天产品设计者仍孜孜以求地以"高可靠、高安全"为目标，进行最坏情况的识别及针对各类最坏情况的设计。

　　在中国航天的工程实践中，为摸清系统最坏情况，提出了很多实用的技术方法，积累了很多经验。针对高敏感内外部环境条件在标称环境条件基础上适当"拉偏"进行分析和试验验证，就体现了中国航天人对最坏情况的认识。类似的经验还需要进一步总结、提炼，并上升到方法论层面，以指导更广泛的技术研究和工程应用。从这点而言，本书所做的努力难能可贵，值得高度肯定。

　　中国和世界航天的工程实践经验都表明，基于系统工程方法，在工程系统的定义、设计、建造、交付与应用等各个阶段，采取必要技术手段，逐级提高各层次单元和系统的容差、容错能力，最终保证整个工程系统能够承受未来可能的临界条件和极限工况，使其保持良好的系统协调性、匹配性和稳定性，是降低复杂航天工程风险、保证任务成功的要津！

应指出，最坏情况分析（Worst Case Analysis，WCA）作为航天系统工程中的一项重要技术工作，它本身是设计工作的重要组成部分。各类产品和系统的设计者对产品和系统在各类最坏情况下的性能负有不可替代的责任。中国航天人对质量可靠性高度重视，可靠性分析与系统设计同步进行、源头管理等理念深入人心。最坏情况分析作为从设计源头加强可靠性设计的重要抓手，是各级系统和产品工程师应该掌握的重要可靠性技术之一。

进一步应指出，WCA概念和技术方法，原则上适用于各类系统层级和产品，对于软硬件混合的系统也同样适用；但在各个细分专业领域，WCA研究和应用并不均衡。相对而言，由于电路设计和分析技术的成熟、电子设计自动化（EDA）仿真和试验手段的普及以及电子产品区别于其他产品的良好的可测性，电路领域的最坏情况分析相对于其他领域而言发展更为迅速，也更为成熟。面向航天型号电路系统设计的最坏情况电路分析（WCCA）技术，在我国经过早期启蒙和初始启动阶段后，历经20余年不断探索、积累和实践，到今天已提出和固化了一系列特色技术方法、工具和标准。在我国通信、导航、遥感卫星领域和新一代运载火箭型号研制中不断深入研究和推广应用，特别是在探月工程、载人航天工程、北斗导航工程等一系列航天重大工程稳步推进过程中，最坏情况电路分析技术经历了大量的应用创新，在电路系统基线考核和确认、裕度验证、技术状态固化、可靠性增长、产品成熟度提升等方面发挥了重要作用。

面向未来，WCA技术的发展必须进一步紧密结合中国航天科研生产的实际、发展阶段和发展需求，实现数据化、模型化和工具化。重中之重是建设符合我国航天实际、自主可控的数据库、模型库和软件工具，这是技术创新、应用和超越的核心和关键。在中国航天独立自主、安全发展理念不断强化的今天，这一点尤为重要。最坏情况电路分析技术经过20余年的发展，已形成比较丰富的技术内涵和较完善的技术体系。从最初"一无工具、二无模型、三无数据"，到今天已开发完成我国拥有完全自主知识产权的最坏情况电路分析软件，建立了覆盖数十类国产核心元器件的仿真模型库、数据库，奠定了当前航天型号实践的基础。借鉴国内外发展经验，我们要始终坚持不照搬、不崇外，引进吸收再创新，从数据、模型和方法、工具层面，不断夯实中国航天最坏情况分析、设计和验证的根基。

面向航天未来发展，对于WCA技术的发展预期还会不断出现新的挑战。随着载人航天、月球和深空探测、大型空间基础设施、空间安全领域的发展，航天器和整个工程系统运行，其内外部环境条件的不确定性不降反增，例如月球和火星探测任务接近300 ℃的昼夜温差、深度睡眠和唤醒，星际旅行穿越外层空间需要经历的各类未知宇宙射线、电磁风暴带，近层空间大型空间基础设施可能遭遇的无意或恶意干扰等。WCA 技术仍需针对这些需求变化和不确定性不断发展和完善。在软硬件协同系统、机电一体化系统、多物理场耦合系统、复杂工程系统及运行等领域，大尺度、多维度、跨学科的系统级（含软件）、工程级最坏情况分析与验证技术，需要中国航天人持之以恒地研究、积累和总结，并不断取得突破！

　　本书创作团队的各位同志长期工作在航天工程系统研制一线，从事最坏情况电路分析技术的研究与实践，具有非常丰富的工程经验。本书总结了中国航天工程到目前为止取得的重要成果和成功经验，对现行技术方法进行了较为详尽的介绍，有助于系统设计人员、可靠性技术人员和质量管理人员对这项技术有一个比较全面、系统的认识，使以后的工作更加科学化、规范化，避免走弯路。从总结过往、推广应用的角度，本书是一部具有开创性、指导性和实践性的著作，但绝对不是技术的终点！面向未来，我仍希望本书的出版能够吸引更多航天从业者对技术发展的关注，进而引发更深入的研究、更大范围的深入实践和推广应用。希望本书创作团队能够引领和带动航天各级设计师，不断推动技术、方法、标准、工具的发展和成熟，推动技术应用领域的延伸和拓展，助力我国航天强国梦、质量强国梦的早日实现！

2019 年 8 月

前　言

　　航天系统工程及其运行始终是具有极高风险的复杂工程。当对复杂系统极限运行条件的最大包络、组合累计偏差和综合不确定性的识别与控制不到位时，极易导致航天器性能裕度设计不足和关键参数超差，进而造成航天器在轨性能异常、寿命严重衰减甚至任务失败。

　　最坏情况法是一种按照不常发生的最坏使用条件的组合为基础，进行确保系统可靠性要求的设计方法。它是一种非概率统计方法，用来分析影响系统功能的设计参数和各种内、外影响因素处于最坏组合的情况下，系统的功能是否还满足应用要求。

　　最坏情况电路分析（Worst Case Circuit Analysis，WCCA）技术是将最坏情况法应用于电路设计中，形成的电路可靠性分析方法。通过在设计限度内分析电路所经历的环境变化、参数漂移及输入漂移出现的极端情况及其组合，开展电路性能分析和元器件应力分析，识别影响电路性能及元器件应力的主要因素，发现设计与可靠性薄弱环节，对电路是否发生漂移故障进行预测，指出设计改进方向，以提高电路的固有可靠性。

　　面向航天电子系统的 WCCA 技术呼应了航天工程系统高可靠、高安全、容差、容错设计理念，是航天系统工程的一项重要技术内容。该技术在我国航天领域起步于 20 世纪 90 年代，是国家军用标准 GJB 450A、航天行业标准 QJ 1408A 中规定的可靠性、安全性分析项目之一，在我国航天工程领域最早应用于神舟载人飞船关键电子设备的可靠性与长寿命分析工作中。2005 年，国军标 GJB/Z 223—2005《最坏情况电路分析技术指南》发布实施，标志着该技术成为装备研制过程中的通用关键可靠性工作项目，开始在航天、航空、兵器、船舶、核工业等国防军工领域成熟应用和发展，先后在嫦娥月球探测器、北斗导航卫星、载人空间站、新一代运载火箭等多个航天重大工程、重点型号的关键分系统和单机上进行了有效应用，对复杂电路系统在"最坏情况"条件下的容差、容错性能验证、设计基线及裕度考核发挥了重要的靠前把关作用。

　　当前，我国航天事业已进入高速发展期，高质量、高效率、高效益的型号研制离不开可靠性、安全性等通用性、基础性技术的保障和支撑。以 WCCA 技术为代表的一大批可靠性分析技术也在持续的自主创新、技术攻关、知识积累和成果转化过程中得到衍生和发展。2017 年，中国航天标准化与产品保证研究院发布了具有完全自主知识产权的国产 WCCA 软件工具及国产核心元器件模型库，标志着我国 WCCA 技术在数据本土化、模型数字化和工具平台化方面取得突破性进展，为该技术稳健可控发展奠定了坚实基础。2019 年，中国航天科技集团有限公司发布实施了 Q/QJA 721—2019《航天电子产品最坏情况电路分析指南》标准，在进一步明确分析对象、扩充分析方法、降低技术使用门槛的基础上，有效提高了该技术的产品通用性和工程适用性，特别是对于软硬件集成、多物理场耦合等新型系统的覆盖，为航天工程系统设计人员开展 WCCA 自主分析、自我保证提供了重要依据。

在 WCCA 技术在国内军工行业得到大力推广和广泛应用的今天，本书总结了国内外相关研究与应用情况，试图以工程实用性、有效性为出发点，比较系统、全面地介绍最坏情况电路分析技术的原理、方法、流程、工具、项目管理以及工程应用案例，其目的是为读者开展最坏情况电路分析提供一本实用指南。

全书共 10 章。第 1 章概述了最坏情况电路分析技术的背景与现状、最坏情况电路分析的要点与应用趋势。第 2 章介绍最坏情况电路分析技术的主要方法，包括灵敏度分析、元器件应力分析、极值分析、平方根分析以及蒙特卡罗分析方法。第 3 章介绍了最坏情况电路分析技术流程，包括数据要求、电路分割与功能模块划分、关键性能参数确定、性能影响因素分析、最坏情况边界确定、电路建模与仿真分析、最坏情况电路分析内容与流程等内容。第 4 章介绍了模拟电路最坏情况分析的基本技术方法，包括关键性能参数确定与影响因素、模拟电路分析的主要内容以及应用示例。第 5 章介绍了数字电路最坏情况分析，包括关键性能参数确定、主要分析内容与方法。第 6 章介绍了数模混合电路最坏情况分析方法，包括仿真建模技术、混合电路分析方法及应用示例。第 7 章介绍了最坏情况电路分析项目管理，包括分析对象与承担方的选择、项目实施时机与计划、项目实施中的协调与监管、项目的效益、费用和周期。第 8 章介绍了计算机辅助最坏情况电路分析，包括软件介绍、软件工具的比较和应用的功能特点。第 9 章介绍了最坏情况电路分析案例，比较详细地介绍了工程应用中的两个完整的型号应用分析情况。第 10 章介绍了最坏情况电路分析技术展望，涉及软硬件协同的最坏情况验证技术、机电一体化最坏情况分析技术以及多物理场耦合最坏情况分析技术。

书末附录 A、B、C、D、E 分别给出了最坏情况电路分析任务书、输入数据要求、分析报告样式、参数数据库以及分析用模型库的构建、管理与维护等，供工程应用实践参考。

本书由任立明、时晓东、张云中、曹鹏合著，并负责全书内容、风格的策划和最终统稿工作。全书写作和修改分工如下：第 1 章由任立明负责，第 2 章由张云中、任立明负责，第 3 章由时晓东负责，第 4 章由曹鹏、张亮负责，第 5 章由杨奇开、程海龙负责，第 6 章由靳捷、周海京负责，第 7 章由许皓、李福秋负责，第 8 章由陈皓、李孝鹏负责，第 9 章由王志慧、唐潮负责，第 10 章由时晓东、任立明负责，附录 A 和附录 C 由刘莹莹、张云中负责，附录 B、附录 D 和附录 E 由时晓东、曹鹏负责，参考文献由陈皓、唐潮负责。张云中负责全书的校对工作，并绘制了第 5 章的全部图表。

在本书写作过程中，得到中国航天标准化与产品保证研究院相关单位领导和专家的大力支持，卿寿松院长、陈凤熹总工程师、郑恒副总工程师、科技委李祚东副主任以及航天通信中心顾长鸿研究员等以专家身份提供了许多有价值的参考意见。可靠性研究所、元器件研究所、产品工程研究所、试验技术研究所很多同志为本书做了大量的图表绘制、电子文档录入等方面的工作。同时，中国运载火箭技术研究院 10 所王斌研究员，中国空间技术研究院 502 所刘波研究员、鲁明研究员、张宁高工等对本书写作给予了鼎力配合，在此一并表示衷心感谢。

在书稿审阅过程中，朱明让研究员提出了大量有价值的修改意见。作为时任中国航天工业总公司质量监督局领导，兼任中国航天标准化研究所（现中国航天标准化与产品保证研究院）所长，他也是当年研究和引进 WCCA 技术软件和数据库，奠定该项技术国内研究和应用基础的重要呼吁者、支持者和决策者。中国科学院院士、中国载人航天工程运载火箭系统原总设计师刘竹生研究员，北斗三号全球卫星导航工程副总师谢军研究员应邀参加了书稿审阅，从工程专家的视角对本书的学术和工程价值给予高度评价，为本书出版出具了专家推荐意见，在此对前辈学者专家的鼓励、支持和指导诚表谢意。

中国工程院院士、中国探月工程（一期）总指挥、国家航天局原局长、原国防科工局科技委主任栾恩杰院士认真审阅了全书文稿，就全书定位、章节安排和诸多技术细节反馈了大量真知灼见，以严谨、务实、科学、精准的大家风范，激励和鞭策本书主创团队再次审视全书，并大篇幅修改完善，有力提升了全书的质量和学术、工程价值。经认真审阅全书修改稿后，栾恩杰院士欣然为本书作序，本书主创团队甚感荣耀，在此特别致谢。

限于时间仓促，水平有限，本书的疏漏在所难免，恳请读者批评指正。

作　者

2019 年 5 月

目　录

第 1 章   最坏情况电路分析技术概述

1.1   引言

可靠性是指产品在规定的条件下和规定的时间内，实现规定功能的能力。产品的可靠性是设计出来的、生产出来的、管理出来的。国内外开展可靠性工作的经验表明，可靠性设计对产品的可靠性具有重要影响，要提高产品可靠性，关键在于做好产品可靠性设计和分析工作。

可靠性工程从其诞生开始就强调一个基本的因果关系，即较低层次部件的失效会导致较高层次部件或系统的失效，因此，从某种意义上说，传统的可靠性技术一直是"与故障做斗争"的技术，典型的有故障模式与影响分析（Fault Modes and Effect Analysis，FMEA）技术和故障树分析（Fault Tree Analysis，FTA）技术，设计人员关注的重心是故障模式与故障原因。

但是越来越多的研究结果表明，航天型号产品的故障往往不全是由底层元器件或部件的"硬故障"导致的，而是在使用过程中由一系列复杂的环境因素造成的，包括环境超差、偏高乃至超出规定上下限的"软故障"。航天型号产品在设计、生产过程中，都会开展一系列验证试验，只有满足指标要求的产品才能交付出厂。同时为了降低使用过程中的失效率，航天电子产品都会预留一定的设计裕量，这个设计裕量被称为"容差设计"，包括裕度设计和降额设计等。一般而言，设计裕量都是以各项设计指标的标称值为依据，以"上下限的形式考虑容差（Tolerence）进行设计"。例如，电子系统中的所有元器件参数随质量等级的不同，都会有一定的初始容差，并且随着温度、电磁、空间辐射、振动等环境因素的影响，元器件参数的容差也在不断变化，同时随着使用寿命的延长，也会发生老化漂移。此外电子系统的输入电源、激励信号也会不断波动，当各种因素叠加在一起时，可能会出现多种极端不利情况，在极端不利的情况下，电子系统的输出性能可能会超出设计指标的要求，或者元器件的应力等级超出降额设计的要求，导致产品在使用过程中发生故障。这些"极端不利的情况"又统称为最坏情况（Worst Case，WC）。最坏情况是小概率事件，却是客观存在的，并且有可能导致电子系统故障，造成航天型号产品失效。最坏情况分析（Worst Case Analysis，WCA）技术就是考虑系列极端不利情况的可靠性技术。当分析对象明确为电路时，这种分析被称为最坏情况电路分析（Worst Case Circuit Analysis，WCCA），这正是本书的主要研究内容。

1.2　最坏情况电路分析概念

最坏情况法是一种按照不常发生的最坏使用条件的组合为基础，进行确保系统可靠性要求的设计方法。它是一种非概率统计方法，用来分析影响系统功能的设计参数和各种内、外影响因素处于最坏组合的情况下，系统的功能是否还满足应用要求。

在航天工程实践中，电路设计工程师应以上一级设计师给出的设计任务书为依据，明确本级电路设计输入的最坏情况，并据此开展裕度或降额设计，在试验验证环节还要开展"拉偏"试验，以验证即使在最坏情况下电路性能仍能符合要求并具有一定裕量。

WCCA 是将最坏情况法应用于电路的可靠性分析中，采用最坏情况的分析理念对电路进行可靠性分析的技术。具体是指结合电路设计细节分析电路所经历的环境变化、参数漂移及输入出现的极端情况及其组合，并进行电路性能分析和元器件应力分析。具体来说，就是分析温度、湿度、辐射、电磁、振动等电路工作环境的影响，考虑输入电平、激励等的漂移，结合元器件因质量水平、老化、温度等造成的参数漂移，以最不期望的组合施加到电路上，分析电路的工作性能是否满足指标要求，元器件的耐压、过电流、功耗等器件降额是否满足电路应用条件。

1.3　最坏情况电路分析技术发展现状

如上所述，电路设计时一般都遵守容差设计原则，确保电路在输入容限内可靠工作，但在实际使用过程中，随着时间的推移和环境的变化，电路的输入和环境可能出现超出设计容差的最坏情况，导致故障出现。在第二次世界大战期间，美军使用人员发现，他们收到的交付产品，在正常工况下测试和使用都没有问题，而在某些环境条件和工况组合下，会出现性能不达标的问题，部分器件也会发生故障。军方开始重视这个问题，组织相关的设计人员和可靠性工程师来研究这一问题。第二次世界大战以后，关于电子电路设计的技术逐步发展并成熟。首先是明确关键电路的设计容差要求，开展容差设计，并按要求对容差设计性能进行实验室条件下的"拉偏"验证。后来发展出最坏情况设计和分析技术。

1986 年，美国 D&E 公司以守则手册形式总结了最坏情况电路分析方法，并开发了相关软件。他们在文献中介绍了 WCCA 概念，提出了进行最坏情况电路分析的具体方法，并重点介绍了电路分析要点，包括系统级电路接口设计、噪声、接地设计等，同时针对不同类别的电路（数字电路、模拟电路、电源变换电路等）进行逐项分析。1995 年美国贝尔实验室以一个电源保护电路为例，介绍了基于器件容差分析技术的电路仿真分析方法，其中包括最坏情况电路分析技术，并给出了实现高可靠性设计的设计流程。NASA 在其可靠性设计分析技术合同中规定，在设计航天用电子产品时需要进行 FMEA、WCCA、元器件电应力分析和降额分析等一系列分析。2004 年，美国 Visteon 公司利用 Saber 软件成功开发了 WCCA 功能模块，并嵌入到 Saber 软件中，能够快速进行大规模电路的最坏情况电路分析工作。

近年来，美国、欧洲成立了一些可靠性工作机构，将其研究应用重心转移到了航空航天电子设备的高可靠设计上。通过建立软件数据库以及全国性数据网，广泛地应用 WCCA 以及 FMEA 等方法，极大地提高了航空航天电子设备在实际应用中的可靠性。并且根据技术的发展及电子产品的新特点，建立了相对完善的最坏情况电路分析标准、指南，详细论述了最坏情况电路分析的方法、电路分析、环境因素考量等方面的内容，ESA 于 2011 年发布的 ECSS -Q - HB - 30 - 01A《最坏情况电路分析指南》、美国 Aerospace 公司于 2013 年颁布的《电气设计中的最坏情况分析指南和标准》就是其中的典型。

容差设计和最坏情况设计的理念在中国航天的发展历史也源远流长。1988 年颁布的 GJB 450《装备研制与生产的可靠性通用大纲》中就将"电子元器件和电路的容差分析"列为"工作项目 206"，要求研究"电子元器件和电路在规定的使用温度范围内电参数容差及突生参数的影响"，提出在早期设计评审时，要确定分析中可能出现的最坏情况，并明确分析的结果和采取的相应措施。

最坏情况电路分析作为工程项目可靠性大纲中的硬性工作要求，是从中国航天研制和设计长寿命航天器开始的。20 世纪 90 年代，中国航天技术人员在与国外同行交流长寿命通信卫星可靠性保证时，探讨和交流了电子设备在寿命末期某些电路参数远远超出初始电路容差的问题及其严重性。当时，在国军标中还只有容差分析的概念，只适用于描述和分析刚投入使用的产品的可靠性。借鉴国外的卫星产品保证经验，在欧洲承制、中国采购和使用的鑫诺卫星的产品保证大纲中首次使用了欧洲航天界通用的最坏情况分析术语，要求对寿命末期关键电路的性能容差予以保证。2000 年前后，在国内载人航天器研制中，首次对影响航天员人身安全的关键电子设备开展了最坏情况分析，由于当时载人飞船的设计寿命要求只有 2 年，因此最坏情况分析只相当于加严的容差分析，以确保飞船设备的安全性。2003—2005 年前后，中国新一代长寿命通信卫星平台的设计寿命要求提高到 10～12 年，作为对用户的承诺，必须对寿命末期关键电子设备的性能进行准确的预测分析。卫星总体单位——中国空间技术研究院总体设计部，将最坏情况电路分析列入了可靠性保证大纲，并委托中国航天标准化研究所（现中国航天标准化与产品保证研究院）参照国际相关标准对关键电子设备开展最坏情况分析，在识别长寿命敏感参数的同时，对寿命末期关键电子设备退化后的性能是否仍然满足规定要求进行评估。如果出现超差、偏高甚至可能导致航天器在寿命期内寿命终止的故障，则必须对器件、材料、设备重新选型和改进设计。最坏情况分析的输入是针对产品全寿命期经受的内部应力和外部环境综合影响下的"所谓"最坏情况，必须在分析之初由设计人员与分析人员根据全寿命期剖面明确界定。

从那之后，最坏情况电路分析逐步在国内工程界推广开来。随着 2005 年最坏情况电路分析国军标 GJB/Z 223—2005《最坏情况电路分析指南》问世，WCCA 技术成功推广应用于多个航天型号的设计和分析过程中，有效地提高了航天型号的可靠性设计水平，并形成了航天科技标准 Q/QJA 721—2019《航天电子产品最坏情况电路分析指南》。随后，此项技术也开始在航空、兵器、船舶、核工业等国防军工领域推广，目前该技术也开始应用到可靠性要求比较高的一些民用领域，对提高电路可靠性设计和分析水平起到了重要作用。

后来，以北京航空航天大学为代表的一些高校也相继开展该技术的研究，一些单位以电子设计自动化（Electronic Design Automation，EDA）软件 PSpice 为仿真器，编写控制 PSpice 仿真器运行的程序，能够进行故障、性能、灵敏度、温度以及容差等方面的仿真分析。例如西安电子科技大学、天津大学等高校，以电源电路等典型电路为对象进行了相关的技术研究工作。

应该指出，最坏情况分析（WCA）是一个通用术语，也是一项通用技术，原则上适用于所有性质的航天产品，也适用于系统级产品（弹、箭、星、船、器）和非电系统或产品（如结构、动力、控制、传动、火工品等），往往系统级产品和非电产品的最坏情况分析更加重要，因为这些系统功能更加重要，且很难采取冗余或备份措施。一旦出现非预期的或超出预期的最坏情况，将直接导致重大事故。对这些产品的最坏情况分析及其技术，不是本书的重点。本书的研究对象是航天控制、指挥、通信、遥测、动力等大量系统中广泛使用的电子电路产品，因此研究重点定位于 WCCA。

另外，应强调的是，WCCA 是产品研制全链条中的必要分析环节，一般与设计紧密配合、迭代进行，因此也可将 WCCA 看作产品设计、改进、优化的一个重要组成部分。在设计完成之后，一般还需在试验过程中对最坏情况设计分析进行试验验证，即所谓的"拉偏"试验。由于试验验证的技术难度大和费用高，"拉偏"试验一般只针对具有一定重要度的产品开展，很难覆盖到全部产品。因此开展易于覆盖全部产品并且节约成本的最坏情况仿真分析，成为有效可行的技术途径被广泛使用。

1.4 最坏情况电路分析技术要点

最坏情况电路分析是国家军用标准 GJB 450A、航天行业标准 QJ 1408A 中规定的可靠性、安全性分析项目之一，其目的是通过最坏情况电路性能分析和最坏情况元器件应力分析，识别电路性能及元器件应力的主要影响因素，发现设计与可靠性的薄弱环节，对电路是否发生漂移故障进行预测，指出改进的方向，以提高电路的固有可靠性。根据开展最坏情况电路分析的要求，需要注意以下几个方面：

（1）影响因素识别分析

影响因素识别分析是最坏情况电路分析的首要分析内容及限制条件，影响因素辨别不清，直接导致最坏情况电路分析无法开展。影响因素识别分析工作首先根据系统要求，分析各电路模块的设计要求，确定最坏情况电路分析的对象。其次针对分析对象的工作环境、电路特点、元器件参数漂移及任务剖面，定义最坏情况条件，为开展最坏情况电路分析工作奠定基础。

（2）电路建模

进行最坏情况电路分析的基础是建立电路模型，其建模方法包括数学建模及仿真建模。数学建模就是建立电路的性能参数、元器件的应力要求参数与电路组成参数、影响因素之间的数学模型，根据数学模型计算出电路是否满足要求。该方法简单易行，适用于小规模电路。但在实际工程应用中，电路较为复杂、影响因素多，采用数学建模法误差大且操作困难，一般采用仿真的方法建模。采用仿真建模方法可以借助成熟的 EDA 工具，在产品 EDA 设计的基础上开展最坏情况电路分析，分析结果可与设计要求、性能测试进行比较，并且可以指导后续可靠性试验，分析结果直观、可信度高。

由于仿真所用的电路模型（含电路原理图及各部件、元器件的仿真模型）与实际电路之间不可避免地存在不同程度的差异，而最坏情况电路分析结果的准确性需要直接依赖于电路模型，因此最坏情况电路分析仿真模型精确度要求较高。

值得注意的是，借助 EDA 工具进行最坏情况电路的建模，有别于产品设计的仿真建模，这往往是最坏情况电路分析人员容易忽视的。产品设计所开展的仿真建模是根据产品任务书，从产品设计角度入手，首要关注产品功能性能的实现，其次注意产品成本、制造、质量等因素。电路建模时，功能实现为第一要求，元器件偏差、工作环境等影响因素考虑较少。而进行最坏情况电路分析的仿真建模是在功能实现的基础上开展该工作，从产品应用角度出发，影响因素是建模的重要关注点。建模时，需考虑模拟、数字、数模混合电路等不同的特点，针对分析电路的工作环境及可能出现的薄弱环节，建立被分析电路的仿真分析模型，这其中包括了元器件建模、电路建模、输入偏差设定、环境设定、模型验证等步骤，并且模型精度较设计模型要求高，这在最坏情况电路分析仿真建模时需要特别注意。

（3）分析方法选取

最坏情况电路分析常用的方法有极值分析法、平方根分析法和蒙特卡罗分析法等。

极值分析法是将所有变量设定为最坏值时对电路输出性能影响所做的分析。参数最坏值分为最大最坏值和最小最坏值，在多参数情况下，可以通过参数灵敏度分析结论，组合得到所有参数变量对系统而言的"最坏情况组合"，并据此开展最坏情况极值分析。平方根分析法是一种统计方法，在元器件的所有参数相互独立，服从某概率分布（可未知），电路性能服从正态分布，已知各参数的均值、方差情况下，考虑参数对性能的影响（灵敏度），将标准差的平方和的平方根作为电路性能的标准差，从而按正态分布得到性能参数在一定概率下的极值。蒙特卡罗分析法是一种统计方法，适用于元器件的所有参数相互独立且服从某种已知概率分布（例如正态分布）的情况。通过随机抽样产生各参数值，代入电路，计算电路性能，经重复多次，得到电路性能的分布参数值，从而得到性能参数在一定概率下的极值。根据设计的指标要求，结合待分析电路的具体特点，可以借助 EDA 仿真工具，采用合适的方法对电路进行最坏情况分析。

1.5　技术研究与应用趋势

　　如前所述，由于对复杂电路开展数量建模和解析分析的难度大，目前大规模开展最坏情况电路分析较普遍地依赖可靠性仿真分析工具，其技术伴随着可靠性技术及仿真技术的发展而发展，随着应用对象及影响因素的变化而不断进步。应用对象从单一的电路分析为主发展为以电路为主，覆盖机电、控制等多种产品，研究也从考虑单一影响因素扩大到多影响因素乃至多因素耦合。最新的研究趋势主要是从失效物理的角度出发建立多学科设计和仿真分析一体化平台，依托先进的多学科分析平台进行设计、分析、验证、优化。

　　首先，最坏情况电路分析（WCCA）技术的发展得益于从 20 世纪 60 年代中期以来飞速发展的电子设计自动化（EDA）软件工具的发展。EDA 技术从计算机辅助设计（CAD）、计算机辅助制造（CAM）、计算机辅助测试（CAT）和计算机辅助工程（CAE）的概念发展而来。EDA 技术以计算机为工具，设计者在 EDA 软件平台上，用硬件描述语言 HDL 完成设计文件，然后由计算机自动完成电路逻辑的编译、化简、分割、综合、优化、布局、布线和仿真。利用 EDA 工具，电子设计师可以从概念、算法、协议等开始设计电子系统，从电路设计、拆解分析新 IC 版图和 PCB 版图的整个过程在计算机上自动处理完成。WCCA 技术既然是电子电路设计的一部分，自然也离不开 EDA 软件工具的支持。因此，本书对于 WCCA 的描述和工程实施，大量借鉴使用了飞速发展的 EDA 技术。随着 EDA 技术从模拟到教学，从板级到芯片级，从单一电路到含软件逻辑在内的片上系统（SOCS），其发展在改变 EDA 领域面貌的同时，也为 WCCA 的发展、拓展提供了更多可能性。

　　WCCA 技术未来发展的另一个重要基础是多物理场仿真技术的发展。如前所述，EDA 技术为电子电路仿真提供了基础，因此使得基于仿真的 WCCA 定义成为可能。但航天系统的复杂性远远超出电子电路领域。船、弹、箭、星、器等航天系统级产品是更为重要的最坏情况分析的工程对象。国内外航天发展史上出现过一些重大事故案例，是由于未能准确认知航天飞行恶劣环境（电、磁、热、辐照、动力等）导致的最坏情况而发生的。由于多物理场仿真领域技术的发展和工程应用落后于 EDA 领域，因此对于复杂系统或非电系统（产品）的最坏情况分析偏重于定性或定量的计算和解析。随着多物理场仿真技术的发展，未来这些系统的 WCA 将逐渐变为现实。

　　以美国 ANSYS 公司为代表的仿真技术公司，研究了多物理场仿真技术软件平台并开始进行工程应用，该类型软件平台可提供包括结构、振动、散热、电磁场、声学、流体等比较全面完备的多物理场及多物理场耦合仿真。图 1-1 给出了多物理场仿真技术的示意。

　　集成化多物理场仿真环境需要在统一的设计环境下完成模型建立、前后处理和多域多物理场仿真，仿真对象涵盖机箱机柜、连接器、PCB、线缆线束、系统等不同部分，各部分具有一致接口，可以进行数据交互。集成化的多物理场仿真环境为主要面向电子电路开

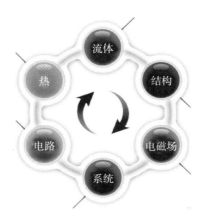

图 1-1　多物理场仿真技术

展的 WCCA 发展到面向航天系统级产品（弹、箭、星、船、器）和非电子产品的 WCA 提供了技术途径，其未来发展值得关注。

1.6　本章小结

本章主要介绍了以最坏使用条件组合为基础的最坏情况电路分析相关概念及其技术起源，回顾了该技术在国内外的兴起与发展历程，以及我国在航天领域开展的应用实践。本章最后还简要介绍了该技术从电路到系统、从单一因素到多因素乃至多因素耦合等方向的发展趋势等。

在中国航天发展史上，我们在硬件、软件、仿真、试验方面进行了大量最坏情况设计、分析、验证方面的探索实践，积累了大量实践经验和案例。电子产品的空间环境效应（总剂量效应、单粒子事件）曾一度严重困扰长寿命航天器研制，针对不同轨道环境开展航天器最坏情况设计和分析是重要研究方向。近年来在防范和控制技术风险方面，在理论分析和试验验证方面都取得较大进步。星箭力学耦合环境"测不准，试不到"的问题也一度成为火箭主动段安全飞行的设计难题，经过多年的技术攻关和大量飞行成功和失败数据的积累，我们也逐渐掌握了最大动力学环境包络数据，为"最坏情况"的准确识别，为系统设计改进试验条件、安全性和可靠性评估提供了基础。这些领域的发展也为我们从电子电路的 WCCA 走向复杂航天系统 WCA 创造了条件。但毋庸讳言，由于复杂系统 WCA 仍不可避免地依赖多学科仿真技术平台的发展，我们必须在国产工业软件尤其是仿真领域工业软件（EDA、CAX 等）方面加速发展。

第 2 章　最坏情况电路分析方法

2.1　引言

最坏情况电路分析（WCCA）是分析在电路组成部分参数最坏情况下电路性能参数漂移及变化的一种方法。WCCA 在设计限度内分析电路所经历的环境变化、参数漂移及输入漂移出现的极端情况及其组合，并进行电路性能分析和元器件应力分析。

WCCA 是电路容差分析（Circuit Tolerance Analysis，CTA）方法的一种，是一种极端情况分析，即在特别严酷的环境条件下，或在元器件偏差最严重的状态下，对电路性能进行详细分析和评价。电路容差分析是预测电路性能参数稳定性的一种分析技术。电路容差分析是国家军用标准 GJB 450A 的一个重要工作项目（工作项目 307），是在任务书形成过程中就应当明确的内容，有了初步电路设计图时就应进行这项工作。

对于航天航空等高风险行业的一些复杂电子电路大系统，精度和性能稳定性等问题关系到系统的安全性与可靠性。通常不但要进行常规的容差分析，还需要针对严酷的环境情况和元器件极限偏差状态，开展 WCCA 工作。

WCCA 常用的方法有极值分析法、平方根分析法和蒙特卡罗分析法等。

最坏情况电路分析应依据电路设计文件中规定的有关基线要求，主要包括：

1）被分析电路的功能和使用寿命；

2）电路性能参数及偏差要求；

3）电路使用环境应力条件（或环境剖面）；

4）元器件参数的标称值、偏差值和分布；

5）电源和信号源的额定值和偏差；

6）电路接口参数。

此外，还应考虑如下因素：

1）参数随时间的漂移量；

2）电路负载的变动；

3）所有的正常工作方式，预料中的偶然工作方式及各个工作点的情况。

这些基线要求应当在设计任务书、产品技术条件等文件中明确给出，并由设计落实到产品中。电路设计文件中的这些基线要求以及环境变化、元器件参数漂移等要求，作为最坏情况电路分析的输入条件。

此外，元器件是构成电路的基本单元，最坏情况元器件应力分析（Worst Case Parts Stress Analysis）通常是最坏情况电路分析项目中的一项重要内容。

最坏情况电路分析的基本内容如图 2-1 所示（图中虚线框表示可根据具体情况进行裁减的部分）。

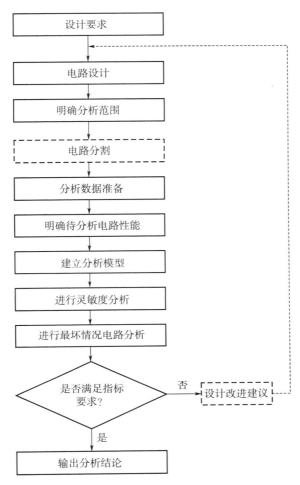

图 2-1　最坏情况电路分析的基本内容

通过最坏情况电路分析和最坏情况元器件应力分析，识别影响电路性能及元器件应力的主要因素，发现设计与可靠性薄弱环节，对电路是否发生漂移故障进行预测，指出改进的方向，以提高电路的固有可靠性。

最坏情况电路分析结束后，应形成报告，作为产品设计改进的依据及产品设计评审的资料。

值得注意的是，在产品设计、研制过程中，电路设计上有任何改动都应重新进行WCCA。

数据的建立是 WCCA 的重要基础。要注意在工程分析中建立和积累元器件的各类数据库，特别是关键元器件的数据库，以此为基础形成大数据，这是支持模型建立和WCCA 应用的重要基础。

最坏情况分析技术需要建立具体的数学模型，通常计算复杂，工作量大，模型一般不能通用，因此分析过程往往需要采用计算机仿真软件工具辅助分析。但应当注意仿真分析后的结果尽可能通过必要的试验验证，确保符合工程应用的实际情况。

2.2　灵敏度分析

灵敏度分析（Sensitivity Analysis）是反映元器件参数变化对电路性能指标影响程度（包括大小和方向）的分析。

灵敏度分析是进行最坏情况电路分析工作之前必须进行的一项工作。通过灵敏度分析，确认电路性能对元器件参数变化的灵敏度。这是确定元器件最坏情况参数组合的依据，据此进行最坏情况元器件应力分析、最坏情况电路性能分析。

电路性能参数对某元器件参数的灵敏度是指在电路其他元器件参数不变的情况下该参数变化对电路性能的影响。灵敏度有大小和方向：若灵敏度为正，则参数变大（变小）时电路性能变大（变小）；若灵敏度为负，则参数变大（变小）时电路性能变小（变大）。参数灵敏度绝对值越大，性能参数变化越快，对性能参数值影响越大。

对于简单电路，如果可以建立电路性能参数与输入参数的函数关系式，则可以通过计算电路性能参数对各输入参数的偏导数的方法，根据输入参数额定值计算灵敏度值，且单调函数的灵敏度与非单调函数的灵敏度的计算方法有显著不同，后者复杂得多；而对于复杂电路，则需要借助计算机仿真软件开展灵敏度分析。

2.2.1　灵敏度计算方法

（1）单调函数判断

电路性能为元器件参数的函数。设某电路性能参数 y 为元器件参数 x_1，x_2，$\cdots$，x_n 的函数，则 y 由 x_1，x_2，$\cdots$，x_n 确定，即 $y=f(x_1, x_2, \cdots, x_n)$。求 f 对 x_i 的偏导数 $\partial f/\partial x_i$，并在给定 x_i 的参数区间 $[a, b]$ 内解式（2-1）

$$\partial f/\partial x_i = 0 \qquad\qquad (2-1)$$

若式（2-1）无解，则性能参数 y 为元器件参数 x_i 在区间 $[a, b]$ 内的单调函数。

否则，性能参数 y 为元器件参数 x_i 在区间 $[a, b]$ 内的非单调函数。

（2）单调性能函数灵敏度计算

根据某电路性能参数 y 与元器件参数 x_1，x_2，$\cdots$，x_n 的函数关系 $y=f(x_1, x_2, \cdots, x_n)$，则性能参数 y 对某参数 x_i 的灵敏度 s_i 为函数 f 对 x_i 的偏导数 $\partial f/\partial x_i$，即

$$s_i = \partial f/\partial x_i \qquad\qquad (2-2)$$

式（2-2）在各参数 x_1，x_2，$\cdots$，x_n 的工作点（或额定点）处取值。

（3）非单调性能函数灵敏度计算的一般方法

根据式（2-1）求解在（$X_{\min}$，$X_{\max}$）内性能函数的极值点及其极值。对非单调性能函数，极值点可能不止一个。对不同情况应分别处理：

1）只有一个极值点，记极值点为 X_{j1}。若灵敏度在（$X_{\min}$，$X_{\max}$）内由（＋）变（－），在 $f(X_{\min}) < f(X_{\max})$ 时，在 $X_{\min}$ 处取最坏情况最小值，在 X_{j1} 处取最坏情况最大值；在 $f(X_{\min}) > f(X_{\max})$ 时，在 $X_{\max}$ 处取最坏情况最小值，在 X_{j1} 处取最坏情况最大值。若灵敏度在（$X_{\min}$，$X_{\max}$）内由（－）变（＋），在 $f(X_{\min}) < f(X_{\max})$ 时，在 $X_{\max}$ 处取最坏情况最大值，在 X_{j1} 处取最坏情况最小值；在 $f(X_{\min}) > f(X_{\max})$ 时，在 $X_{\min}$ 处取最坏情况最大值，在 X_{j1} 处取最坏情况最小值。

2）多个极值点，极值点为 X_{j1}，X_{j2}，…。在 $\min(f(X_{\min}), f(X_{\max}), f(X_{j1}), f(X_{j2}), \cdots)$ 所对应的参数值 x 处取最坏情况最小值；在 $\max(f(X_{\min}), f(X_{\max}), f(X_{j1}), f(X_{j2}), \cdots)$ 所对应的参数值 x 处取最坏情况最大值。

2.2.2　灵敏度仿真分析方法

在电路设计方案已经明确的条件下，如果电路性能与元器件等参数不能用函数关系式描述时，即电路性能 y 与输入元器件参数 x_1，x_2，…，x_n 的函数不能用解析式描述时，需要采用计算机仿真软件开展灵敏度分析，即应用 EDA 工具的灵敏度分析功能计算所分析的电路性能参数对元器件参数的灵敏度。具体步骤如下：

1）将电路某输入参数在额定值处设置一个微小变化量（一般为额定值的 1%），其他参数保持不变（实际分析中，可以采用仿真方法注入）；

2）根据电路仿真模型，仿真输出电路的性能参数变化量，并计算与输入参数变化量的比值，作为灵敏度（也可以将参数变化量除以参数额定值做归一化处理）；

3）依次变化各输入参数，计算电路性能参数对各输入参数的灵敏度。

2.2.3　分析结果

灵敏度分析完成后，可以将分析结果汇总成表，便于后续分析工作使用。灵敏度分析结果式样见表 2-1。

表 2-1　灵敏度分析结果汇总表

（1）	（2）	（3）	（4）	（5）	（6）
元器件代号	元器件型号	输入参数	标称值	灵敏度	备注

注：1. 表中编号（1）至（4）为分析输入，（5）为分析后得到的灵敏度值，按由大到小的顺序排序；
　　2. 若需要对该输入参数进行参数扫描分析，在（6）中注明。

2.3　最坏情况元器件应力分析

从广义来讲，电子元器件包括分立元件、功能组件和集成电路。但通常所说的电子元件主要是指分立元件，电子元件是构成电路的基本单元，是电路中具有某种独立功能的单元。

最坏情况元器件应力分析方法（Worst Case Parts Stress Analysis）是分析元器件在最坏情况条件下的应力极值，并判断是否超过了规定的额定值及是否符合降额要求的方法。

最坏情况应力分析是分析在规定最坏情况条件下元器件工作应力是否符合降额规定的降额要求，工作应力包括稳态条件的工作应力和瞬态条件的工作应力。

2.3.1　最坏情况元器件应力分析方法

最坏情况元器件应力分析方法如下：

1）列出电路中所有元器件名称、代号、型号及元器件参数的额定值、偏差、降额因子；

2）明确元器件的工作应力类型，如电阻的功率、电容的耐压等；

3）计算元器件的最坏情况工作应力；

4）最坏情况工作应力与允许工作应力比较分析。

上述分析中，最坏情况应力分析计算又包括以下几点：

1）按元器件类别或电路节点，建立电路元器件应力模型。

2）根据元器件参数容差值，应用极值法进行最坏情况应力分析计算。

3）对所有元器件进行初步分析。选定元器件参数，如电容器端电压、电阻功率等。规定某一比例（该比例定义为某元器件最大工作应力值减去标称应力值的差与标称值的比值），如10%（可根据具体情况选择，如20%、30%等，但比例越大，遗漏过应力元器件的风险也越大），根据电路理论，计算元器件的最大工作应力。若元器件的最大工作应力在元器件标称值的10%的范围内，则认为元器件满足最坏情况工作要求，不必再进行进一步的详细分析计算，以节省资源。如果初步分析工作较复杂，可直接进行详细分析。

4）对未通过初步分析的元器件进行详细分析。根据电路理论，确定与被分析元器件有关的元器件最坏情况参数组合，计算该元器件应力。此为该元器件最坏情况应力。

这里，应力分析计算中需要注意如下两点：

1）初步分析通过的元器件，不再进行详细分析。初步分析未通过的元器件，不等于元器件存在过应力，而需要进一步详细分析其最坏情况的应力，再判断是否存在过应力。

2）当初步分析难以规定比例或没有必要规定时，为免于遗漏过应力元器件的风险，可不进行初步分析，直接进行详细分析，即对所有元器件均进行最坏情况应力分析。

2.3.2　最坏情况元器件应力分析内容

最坏情况元器件应力分析内容如图2-2所示（图中虚线框表示可根据具体情况进行裁减的部分）。

2.3.3　最坏情况元器件应力分析注意事项

最坏情况元器件应力分析应注意以下方面：

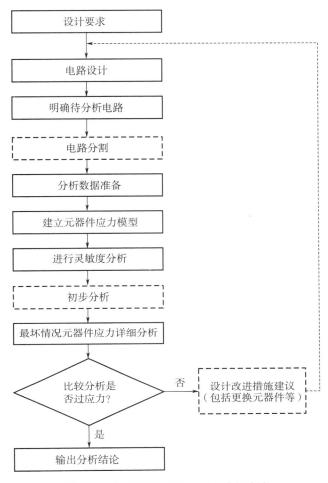

图 2-2　最坏情况元器件应力分析内容

1）最坏情况电路分析中要确定元器件参数最坏情况值组合，为此一般需要灵敏度分析结果。

2）元器件最坏情况应力受环境、负载等的影响，包括：

电源电压：包括瞬态极值和稳态供电极值；

负载条件：包括稳态条件和瞬态条件；

环境因素：主要包括环境温度、湿度、辐射、电磁、高度、自然暴露等因素；

瞬态条件：主要指波动与开/关循环。

3）考虑降额，若实际应力值超过了降额后的值，元器件仍是过应力的，即降额不够。

4）在有脉冲功率或电流的情况下，要特别注意瞬态电流、电压峰值的变化，且在应力分析时要用均方根值而不能用平均值。

最坏情况元器件应力分析的结果，应指出电路中存在的过应力元器件并提出改进的措施和建议，包括元器件选用及降额要求、电路设计改进措施等。

2.4　极值分析

极值分析（Extreme Value Analysis，EVA）是将所有变量设定为最坏值时对电路输出性能影响所做的分析。参数最坏值分为最大最坏值和最小最坏值，在多参数情况下，需要所有参数变量的最坏情况组合方可得到最坏情况极值。

具体分析方法有直接代入法和线性展开法等。为便于以下有关章节内容的叙述，不妨假设受分析电路的方程为 $y = f(x_1, x_2, \cdots, x_n)$，其中 y 代表电路性能参数，x_1，x_2，$\cdots$，x_n 等代表电路组成部分及其他有关量参数值。

2.4.1　直接代入法

直接代入法适用于当 $y = f(x_1, x_2, \cdots, x_n)$ 在工作点可微且变化较大，或设计参数变化范围较大且在此范围内单调，或最坏情况电路分析精度要求较高的场合。

该方法的基本分析内容如下：

1）给出每个元器件参数的最坏情况极大值；

2）给出每个元器件参数的最坏情况极小值；

3）给出电路性能参数方程；

4）给出最坏情况参数组合（最大值的组合和最小值的组合）；

5）根据电路方程 $y = f(x_1, x_2, \cdots, x_n)$ 计算最坏情况电路性能参数值（最大值和最小值）；

6）比较：若最坏情况电路性能参数最大值和最小值均在规定的电路性能偏差指标范围内，则表明电路通过极值分析（EVA），最坏情况电路分析工作结束，否则，提出相应的改进措施及建议。

2.4.2　线性展开法

（1）适用范围

线性展开法适用于受分析电路方程 $y = f(x_1, x_2, \cdots, x_n)$ 在工作点附近可微且变化较小，或元器件参数变化范围较小，或最坏情况电路分析精度要求不高的场合。

（2）性能函数线性化

将电路方程 $y = f(x_1, x_2, \cdots, x_n)$ 在工作点附近按泰勒公式展开，略去一阶以上的高次项，得到 y 的变化量 Δy 与元器件参数变化量 Δx_i 之间的线性关系

$$\Delta y = \sum_{i=1}^{n} \frac{\partial y}{\partial x_i} \Delta x_i \tag{2-3}$$

公式（2-3）中：$\partial y / \partial x_i$ 为 y 对 x_i 的偏导数，或为灵敏度 s_i（这里 $s_i = \partial y / \partial x_i$）在工作点处取值。

（3）最坏情况性能参数值计算

1）当 $|x_{i\max} - x_i| \neq |x_{i\min} - x_i|$ 时，性能 y 正偏差 Δy_+、负偏差 Δy_- 计算：

a）性能 y 正偏差 Δy_+ 计算：

——当 $\partial y/\partial x_i \geqslant 0$ 时，$\Delta x_i = x_{i\max} - x_i$，代入式（2-3）计算 Δy_+；

——当 $\partial y/\partial x_i < 0$ 时，$\Delta x_i = x_{i\min} - x_i$，代入式（2-3）计算 Δy_+。

b）性能 y 负偏差 Δy_- 计算：

——当 $\partial y/\partial x_i \geqslant 0$ 时，$\Delta x_i = x_{i\min} - x_i$，代入式（2-3）计算 Δy_-；

——当 $\partial y/\partial x_i < 0$ 时，$\Delta x_i = x_{i\max} - x_i$，代入式（2-3）计算 Δy_-。

性能 y 的最坏情况最大值为 $y_0 + \Delta y_+$，最坏情况最小值为 $y_0 + \Delta y_-$，y_0 为 y 的工作点值。

2）当 $|x_{i\max} - x_i| = |x_{i\min} - x_i|$ 时，性能 y 正偏差、负偏差计算：

此时，$|\Delta y_-| = \Delta y_+$，且

$$\Delta y = \sum_{i=1}^{n} \left| \frac{\partial y}{\partial x_i} \Delta x_i \right| = \sum_{i=1}^{n} |s_i \Delta x_i| \tag{2-4}$$

式（2-4）中 $s_i = \partial y/\partial x_i$，则 y 的最坏情况最大值为 $y_0 + \Delta y$；y 的最坏情况最小值为 $y_0 - \Delta y$。

若 y 的最坏情况最大值和最小值均满足电路性能指标要求，则通过最坏情况电路分析。

在用计算机进行辅助分析时，首先利用 EDA 软件灵敏度分析功能计算灵敏度，即计算出 $\partial y/\partial x_i$，再按照上述方法计算最坏情况电路性能值。

2.5　平方根分析

平方根分析（Root Square Sum Analysis，RSSA）是在所有输入参数相互独立且已知各参数分布的均值、方差情况下，考虑性能对各参数的灵敏度，按标准差的平方和的平方根为电路性能的标准差，通常在样本量较大的情况下，可认为电路性能服从正态分布，从而得到性能参数在给定概率下的极值（如 3σ 为 99.7%）的方法。在实际工程中，由于时间相关性，可能存在其他分布情况时，分析人员应根据实际情况考虑该方法的适用性，或者根据实验数据对该方法进行修正，或者考虑选用其他分析方法。

这里不妨假设受分析电路的方程为 $y = f(x_1, x_2, \cdots, x_n)$，其中 y 代表电路性能参数，$x_1, x_2, \cdots, x_n$ 等代表电路组成部分及其他有关量参数值。

对任意性能函数 $y = f(x_1, x_2, \cdots, x_n)$，将函数在 x_i 额定工作点处按泰勒公式展开，略去一阶以上高次项，见式（2-3）。

若 Δx_i 或 x_i 的标准差为 σ_i，则在 x_i 相互独立的情况下，y 的标准差 σ_y、均值 μ_y 分别按式（2-5）、式（2-6）计算

$$\sigma_y = \left[\sum_{i=1}^{n} \left(\frac{\partial y}{\partial x_i} \sigma_i \right)^2 \right]^{\frac{1}{2}} \tag{2-5}$$

$$\mu_y = f(x_1, x_2, \cdots, x_n) \tag{2-6}$$

式（2-5）、式（2-6）中，各 x_i 在均值点取值。

给定一个概率值 γ，在该概率下，最坏情况电路性能最大值、最小值分别为

$$y_{\max wc} = \mu_0 + \mu_{(1+\gamma)/2} \sigma_y \tag{2-7}$$

$$y_{\min wc} = \mu_0 + \mu_{(1+\gamma)/2} \sigma_y \tag{2-8}$$

式（2-7）、式（2-8）中，$\mu_{(1+\gamma)/2}$ 为正态分布上侧分位数。

在用计算机进行辅助分析时，首先利用 EDA 软件灵敏度分析功能计算灵敏度，即计算出 $\partial y / \partial x_i$，再按照上述方法计算最坏情况电路性能值。

2.5.1　平方根分析方法

平方根分析方法通常假定电路包含的元器件及其他有关量的实际参数分布相互独立，并且电路性能参数服从正态分布。

首先计算出或利用 EDA 软件灵敏度分析功能求出各参数在额定值处对输出值的灵敏度值。再计算出各参数的均值、偏差值和标准差值。最后根据实际工程要求的概率及其置信度，计算出最坏情况电路性能的参数值。

2.5.2　平方根分析内容

假定每个输入参数相互独立，并假定输出性能参数服从正态分布，平方根分析法的基本内容如下：

1）明确最坏情况电路分析要求；

2）建立电路数学模型；

3）确定其概率分布及其分布参数值；

4）统计分析电路性能参数值；

5）结果分析及结论与建议。

平方根分析流程可参考 GJB/Z 223—2005《最坏情况电路分析指南》等。

2.6　蒙特卡罗分析

蒙特卡罗分析（Monte Carlo Analysis）法是当电路组成部分的参数服从任意分布时，由电路组成部分参数抽样值分析电路性能参数的一种统计分析方法。假定所有输入参数相互独立，服从某概率分布（已知），电路性能参数服从正态分布。经随机抽样产生各元器件参数值，代入电路方程，计算电路性能参数值，经重复多次，得到电路性能参数的分布参数值，从而得到性能参数在给定概率下的极值。

2.6.1　蒙特卡罗分析方法

蒙特卡罗分析方法是按电路包含的元器件及其他有关量的实际参数 X 的分布，对 X

进行第一次随机抽样 X_1，其抽样值记为（x_{11}，$\cdots$，x_{1m}），将其代入电路性能参数表达式，得到第一个电路第一个性能参数的随机抽样值 $Y_1 = f(x_{11}$，$\cdots$，$x_{1m})$，如此反复进行 n 次，得到 n 个随机值，从而可对 Y 进行统计分析，求出电路性能参数 Y 出现在不同偏差范围内的概率。

2.6.2　蒙特卡罗分析内容

蒙特卡罗分析内容如下：

1）明确最坏情况电路分析要求；

2）建立电路数学模型；

3）确定每个输入参数的概率分布及其分布参数值；

4）确定模拟抽样次数 n；

5）产生元器件参数分布的伪随机数；

6）模拟分析电路性能参数值；

7）统计分析电路性能参数值；

8）结果分析及结论与建议。

2.7　几种方法的对比

最坏情况电路性能分析方法包括极值分析法、平方根分析法及蒙特卡罗分析法等。在不同的条件与场合，应根据各方法的适用范围、优点、输入要求等具体情况选用。

三种性能分析方法要求的输入如下：

1）极值分析法：电路元器件参数的上限值和下限值以及电路性能参数对每个元器件参数的灵敏度；

2）平方根分析法：元器件参数概率分布函数的均值、标准差以及电路性能参数对每个元器件参数的灵敏度；

3）蒙特卡罗分析法：每个元器件参数的概率分布及分布参数值。

极值分析法、平方根分析法及蒙特卡罗分析法比较见表 2-2。

表 2-2　极值分析法、平方根分析法及蒙特卡罗分析法比较

方法	优点	局限性	适用范围
极值分析法	—简便、直观，方便得到电路最坏情况性能结果； —不需要电路参数的统计输入数据	—产生电路最坏情况性能较保守的估计； —需要元器件极值数据或数据库	—直接代入法适用于性能参数在工作点可微且变化较大，或设计参数变化范围较大且在此范围内单调，或最坏情况电路分析精度要求较高的场合； —线性展开法适用于性能参数在工作点附近可微且变化较小，或元器件参数变化范围较小，或最坏情况电路分析精度要求不高的场合； —已知输入参数极值的场合

续表

方法	优点	局限性	适用范围
平方根分析法	—不要求参数的分布类型	—假定电路性能参数服从正态分布； —假设在输入参数偏差值域内电路灵敏度保持常数	—性能参数在工作点附近可微且变化较小，或元器件参数变化范围较小的场合； —已知输入参数的均值和方差的场合
蒙特卡罗分析法	—最坏情况的最真实的估计	—需要电路参数的概率分布及其分布知识	—性能难以用元器件参数进行数学描述的场合； —已知参数分布及其分布参数的场合

通常，最坏情况元器件应力分析结果作为最坏情况电路分析结果的有机组成部分。

最后，值得提出的是计算机仿真分析软件是最坏情况电路分析的重要分析工具和手段。

这里，值得我们重视的是，最坏情况电路分析方法的应用重点在于数据的积累，包括各类元器件数据库的建立，尤其是关键元器件的数据库的积累，并在此基础上，形成与分析相关的大数据。有了数据的充分支持，可以建立完善的"模型"，更好地反映产品工程实际情况，分析更为有效。所以数据建立是 WCCA 的重要基础。

另外，WCCA 作为一种建立在仿真基础上的分析方法，在分析得到结论后，有必要和工程试验方法、实证方法结合，这样才能更好地符合工程实际，得到工程实际的应用检验。

2.8　本章小结

本章主要介绍了最坏情况电路性能分析的几种方法，包括极值分析法、平方根分析法及蒙特卡罗分析法等，以及在不同的条件与场合下，根据各方法的适用范围、优点、输入要求等具体情况选用不同方法的一些对比说明等。最后强调了数据库建立与积累是 WCCA 的重要基础，工程应用中尤须注意数据积累。

第3章 最坏情况电路分析技术流程

3.1 引言

最坏情况电路分析工作可以随着电路设计过程开展，作为电路可靠性设计的一个重要环节，可以在电路设计原理图完成之后的任何阶段开展，并且伴随电路设计的始终。最坏情况电路分析技术流程，是开展最坏情况电路分析工作的方法步骤，包括前期的数据准备、模块划分、电路参数与影响因素确定、建模与仿真等环节，最后输出最坏情况电路分析报告。最坏情况电路分析是设计流程的一部分，设计人员可依据该流程开展最坏情况电路分析工作，并且根据具体情况适当变化。

3.2 最坏情况电路分析数据要求

开展最坏情况电路分析工作的第一步，是需要准备相关的数据，这些数据包括电路设计数据、环境条件要求、采用的元器件的数据以及其他相关分析结果。

电路设计数据主要包括以下几个方面：

1）电路原理图、框图及接口/连接线路图；

2）工作原理；

3）电路的性能指标要求；

4）元器件清单、降额要求及参数值（如标称值、偏差、最坏情况极值、统计分布及分布参数等）；

5）电路接口参数；

6）输入激励条件。

电路工作的环境条件主要包括以下几点：

1）电路工作的温度条件，包括温度的上下限；

2）空间辐射环境条件、力学环境条件；

3）振动、盐雾、沙尘、湿度等。

其他相关分析结果主要有以下几点：

1）热设计分析结果；

2）电磁兼容性分析结果；

3）抗辐射分析结果。

3.3　电路分割与功能模块划分

　　电路的模块过多、规模过大时，不利于性能指标的划分，不便于开展最坏情况电路分析工作，因此需要根据所分析电路的大小及规模对复杂电路进行裁减，将复杂电路分割成小的功能模块。当电路被分割成小的功能模块时，需要明确各个功能模块的性能要求，这些性能要求作为功能模块最坏情况电路分析结果的判定准则。

　　一般对较为复杂电路进行最坏情况分析时，首先将电路原理图转换成多个功能模块组成的框图，并将功能块分割成更小的子块。再选择合适的点（断开点或分离点），将组成各功能块/子块的电路分割开来，以便能够进行最坏情况电路分析。

　　在电路设计中，一般按照各功能块分别进行设计。为分析方便，并有利于电路设计改进，可直接对各功能电路分别进行最坏情况分析。

　　电路模块划分具有分级特性，这是由产品自身的特点所决定的。对于一般电路，尤其是结构复杂的电路，无论是功能上还是结构上，都具有分级的特点。因此，在以模块描述产品组成时，也应体现出这种分级结构。

　　图 3-1 中产品由若干高级模块（如模块 1、模块 2）直接组合而成，而一个高级模块又可能由若干个低级模块组成，例如模块 2 就是由 3 个低级模块（模块 21、模块 22、模块 23）组成的。

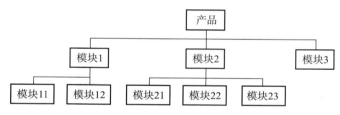

图 3-1　产品功能模块划分示意图

　　基于电路功能分析进行模块划分的方法是通过对电路进行功能分析和功能分解来建立电路的功能结构，然后采用聚类分析等方法进行电路模块的划分。

　　将电路的总功能分解成一系列子功能，在这些子功能中，究竟哪些子功能可作为独立的模块，哪些子功能应该组合在一起形成模块，需要按一定的方法来确定。模块功能的相对独立性是电路模块划分最重要的准则。对电路模块相对独立性影响最大的是模块间的耦合作用，为了减少各电路模块之间的耦合作用，在功能模块划分时应尽可能地将耦合作用最大的功能及功能元素聚集构成一个电路模块，以提高模块的相对独立性。

　　按照模拟电路和数字电路进行功能模块的划分，是一种常用的电路分割方法。根据模拟信号和数字信号的边界，兼顾模块功能的独立性与完整性。

3.4　电路关键性能参数确定

3.4.1　确定方法与原则

由于电路的性能不止一个，在有限的时间和费用等条件限制下，不可能对电路所有的性能参数进行 WCCA，因此需要明确电路的关键性能参数。

电路的关键性能参数是决定电路功能、性能的关键参数，一般需要根据电路的类型、工程应用中的具体任务要求确定。

通常情况下，由于不同类型的电路在电路结构、功能特点和信号类型等方面的差异，电路关键性能参数也有较大区别。一般可以从电路手册中查找特定类型电路的性能参数，通过 FMECA、潜在分析、故障树分析、风险分析和辐射分析等方法，对这些性能参数的重要度进行排序，确定具体的 WCCA 关键性能参数。需要注意的是，运用这些方法时，要考虑复杂电路参数之间的耦合性和方法的耦合性。

由于模拟电路和数字电路在电路结构、功能特点、信号类型等方面的不同，导致二者在关键性能参数方面有较大区别，具体参见图 3 - 2。

3.4.2　电路类型与关键性能参数

不同类型的电路，最坏情况电路分析的重点也不同，电路关键性能参数的确定需要综合考虑电路的分析重点。例如，模拟电路的分析重点一般包括电压/电流输出及纹波、浪涌电流、基准值、阈值等，数字电路的分析重点一般包括时序、接口裕度、负载能力等，功率电路的分析重点一般包括输入、负载变化的电压波动和环路稳定性等，射频和微波电路的分析重点一般包括电磁干扰、时钟和信号完整性等。

（1）模拟电路 WCCA 分析重点

1）电路性能漂移分析：

a）由于输入、环境、老化、初始容差等因素的共同影响而造成元器件参数漂移。

b）关键性能参数的漂移分析，如分压电路的基准电压、放大电路的放大倍数、比较电路的失调电压等。

2）系统级电路的接口分析。

3）电路中关键结点电压、支路电流的瞬态极值分析。

4）电路工作状态与工作模式的切换分析。

5）线性集成电路（放大电路、比较电路、稳压电路等）的失调电压、失调电流、阈值电压、电压稳定度等。

6）分立半导体开关电路（二极管、三极管、MOSFET 电路等）的瞬态开关特性、导通阈值和阻抗、功耗等。

7）继电器类电路（电磁继电器、固态继电器等）的动作电压、释放电压、漏电流等。

数字电路关键性能参数	
电路逻辑； 脉冲宽度； 兼容性； 电路时序； 电流驱动能力	
模拟电路关键性能参数	
比较器： 阈值精度； 滞环； 开关速度/时间常数； 偏置稳定性	振荡器： 频率、精度、稳定性； 输出功率等级稳定性； 输出阻抗； 负载阻抗； 相位稳定性； 噪声和寄生输出
滤波器： 插入损耗； 相位响应； 频率响应； 线性度； 输入/输出阻抗； 寄生的或带外的馈通	检测电路： 偏差电压； 输入阻抗； 频率范围； 输出阻抗； 电压驻波比； 输入
调制器： 频率响应； 相位响应； 输入/输出阻抗； 线性度； 插入损耗； 输出电平； 偏差； 电压驻波比	RF 开关（固态/机械）： 驱动要求； 插入损耗； 功率损耗； 频率响应； 功率容量； 视频信号馈通； 开关速度； 开关占空比； 输入/输出阻抗； 电压驻波比
乘法器： 输出功率； 输入驱动； 频率响应； 输入/输出阻抗	耦合器，循环器： 插入损耗； 漏磁； 频率响应； 电压驻波比； 功率容量； 方向性； 输入/输出阻抗
混合器（转换器）： 噪声图； 频率； 群时延； 输出频谱； 截断点； 压缩点； 终端阻抗； 群组延迟； 功率损耗； 转换损耗； 驱动要求	带状线，波导，空腔谐振电路： 模式抑制； 插入损耗； 调整值域； 分辨率； 尺寸稳定性； 电压驻波比； 输入/输出阻抗； 材料稳定性

图 3-2 电路关键性能参数示例

8）具有长寿命工作要求的模拟电路（包含模拟或混合信号应用的专用集成电路）的寿命预估分析。

（2）数字电路 WCCA 分析重点

1）时序分析：

a）时钟输入的建立时间和保持时间，包括数据输入、同步置位、清零、使能及指定建立时间和保持时间的任何其他输入；

b）时钟脉宽，包括异步置位、清零、负载输入及指定脉宽的任何其他输入；

c）置位和清零恢复时间；

d）异步输入；

e）CMOS 并行时钟；

f）模拟电路时序；

g）最小传输延时；

h）脉冲缩短计算；

i）时延计算中的转换时间。

2）门极输出负载能力。

3）异步接口。

4）旁路电容分析。

5）存储器类、现场可编程逻辑门阵列（FPGA）等电路的空间辐射效应分析。

6）接口电平裕度：

a）CMOS 至 Non-COMS 接口；

b）CMOS I_{cc} 随输入电压的变化；

c）输入转换时间；

d）模拟器件的输入要求；

e）驱动 TTL 和 CMOS 混合电路。

7）复位条件和复位产生：

a）复位过程中的供电电压及上升时间；

b）外部指令在上电过程中和复位后的意外执行；

c）复位和振荡器的启动同时发生；

d）复位释放时间。

8）状态机状态转换：

a）不用的状态；

b）触发器的置位和清零同时触发；

c）异步状态机；

d）复位条件和起始序列。

（3）功率电路 WCCA 分析重点

1）输入电压变化：

a) 电压正拉偏和负拉偏；

b) 输出纹波变化与范围。

2）负载电流变化：

a) 加载和减载，超出测试范围的变化；

b) 静态变化和动态变化。

3）环路稳定性分析。

4）转换效率分析。

5）功率器件的电热耦合应力分析。

6）开关器件的瞬态应力分析。

（4）射频和微波电路 WCCA 分析重点

1）电路互连、电磁干扰与信号完整性：

a) 高边沿速率信号的边界；

b) 边沿敏感输入的 PCB 板外部连接；

c) 线束信号的边沿速率；

d) 线束噪声影响模型的计算；

e) 输入电路噪声敏感度分析；

f) PCB 板外部信号的驱动器和接收器。

2）高速数字电路的时钟分布。

3）器件安全工作条件：

a) 静电敏感器件防护；

b) 输入电压电平；

c) 三态输出交叠；

d) 浮置输入端；

e) 内部 IC 保护二极管的使用；

f) 器件使用超出厂商推荐的工作条件。

4）传输线寄生参数及噪声。

3.5　电路性能影响因素分析

影响电路性能变化的因素主要是输入漂移和元器件参数漂移。输入漂移包括输入电源电平漂移、输入激励漂移和输入负载漂移等，这部分主要由外部激励源和负载工况决定，在设计要求中进行说明，一般从电路的设计规范和设计要求中获取，可表述为确定的偏差值。导致元器件参数漂移的原因包括元器件的质量水平、元器件的老化、环境变化以及外部输入变化等，其中环境变化包括温度、辐射、电磁、湿度、振动、真空、盐雾、沙尘等的变化。

由于存储引起的元器件老化失效是一种特殊的情况，分析时也应考虑。例如，某型号由于任务推迟，在沿海发射场经历了长时间的存储，后来发射时出现点火故障，经归零发现是由于某功率器件经过长时间存储后老化失效导致的。

对于最坏情况电路分析，通常需要根据电路的组成结构、功能要求、任务剖面、环境条件等确定影响电路性能和元器件工作应力的因素，按照电路的关键性能参数排列，形成 WCCA 影响因素汇总表，如表 3 - 1 所示。

表 3 - 1　WCCA 影响因素汇总表

关键性能参数	(1)			(2)					
	输入漂移			元器件参数漂移					
	输入电平	输入激励	输入负载	初始容差	温度	老化	辐射	EMC 和接口噪声	其他
参数 1									
……									
参数 n									

注：1. 表中编号(1)为输入漂移，一般包括输入电平漂移、输入激励漂移、输入负载漂移等；
　　2. 表中编号(2)为元器件参数漂移，原因一般包括元器件的质量水平、元器件老化、环境变化及外部输入等；
　　3. 元器件老化包括带电老化和不带电存储寿命老化，不同情况需要分开考虑。
　　4. 具有该影响因素打"√"，不具有该影响因素打"×"。

实际开展 WCCA 工作时，由于电路性能的影响因素较多，为了保证工程应用的可实施性，通常可以按照重要度对影响因素进行排序，选择影响电路性能的关键因素。在这个过程中，分析人员需要依据待分析电路的具体要求认真考虑并进行取舍，避免遗漏对电路性能有重大影响的因素。

下面对初始容差、温度、辐射、电磁和老化 5 个关键因素进行说明。

3.5.1　初始容差

组成系统的元器件参数通常是以标称值表示的，实际却存在着公差。元器件的参数值是一个具有一定分布形式的随机变量，例如，电阻的阻值一般来说符合以标称值 m 为均值，以 σ 为标准方差的正态分布，而所谓的公差就是指分布中的 $\pm 3\sigma$ 宽度。

注意，上述分布是表征一个器件整体性能的分布，$\pm 3\sigma$ 是针对所有该类型的元器件而言的，是指该类型元器件总样本中有 99.7% 的子样数，其参数分布在 $m + 3\sigma$ 区间内。但该分布并不代表一个具体批次元器件参数的分布，实际应用时，不能直接应用该分布，而应将某一具体批次的元器件作为子样，收集具体子样的分布数据，并通过该子样的分布数据设置元器件的初始容差。

在电路设计时往往只以参数的标称值 m 作为设计的输入参数，忽略了公差，而实际参数值并不一定就是标称值。如标称值为 1 000 Ω，精度为 $\pm 10\%$ 的电阻，其实际阻值在 900～1 100 Ω 范围内。构成系统的各个元器件的这种由公差引起的参数离散分布可能会造成系统性能超出允许范围，出现参数偏差。

初始容差引起的参数变化涉及所有的无源器件和有源器件。如果电路对初始容差变化进行了补偿，最坏情况电路性能分析（Worst Case Circuit Performance Analysis，

WCCPA）应当对剩余变化进行分析。初始容差引起的参数变化可以从器件规范中获取，通常被认为服从随机分布。

制造公差的变化值主要依据标准规范。当标准规范不可用时，可以依据制造厂商提供的数据，也可以根据元器件抽样验收测试（LAT）数据。如低级别晶体管 VBE 参数就可以依据 LAT 得到均值和偏差 3σ。如果不同批次间 LAT 数据存在差异，初始误差应涵盖最恶劣情况。

3.5.2　温度

温度变化引起的参数变化适用于所有的有源器件和无源器件。参数变化来自器件规范、厂商规范、数据手册或试验结果，通常是一个偏差量，表示在参考条件下相对于器件规范值的每摄氏度的变化量（采用百分比或数值的形式），也可以表示为相对于偏差量的随机部分（需要说明一点，对于无源器件，温度引起的参数变化通常是一个固定值）。

通常器件规范并不包括最坏情况电路分析所要求的参数变化形式，如温度系数，这种情况，参数变化应该考虑从其他方式获取，比如测试数据和器件物理特性，这些方式都是可行的。器件规范中温度引起的参数变化通常应用于器件的整个温度范围（例如国家军用标准中通常要求的温度范围为 $-55 \sim 125$ ℃，如果是特殊应用，如深空探测，温差可达 300 ℃，需要放大温度范围），设备的热分析结果可以作为每一个器件实际温度范围的输入，通常低于整个温度范围。热分析应当考虑 PCB 温度、壳温和结温之间的温升。

最坏情况性能分析中，当设备的热表面在一个可接受的温度范围内变化时，器件的温度可以用环境温度表示。最坏情况分析中，每一个元器件的最低温度是设备允许的最低温度，最高温度由设备允许的极限温度下的热分析确定。热分析的结果无效时，器件应当假定工作在最高温度下。若电路中存在电热耦合或其他与温度相关的耦合效应，可能会导致温度升高，可适当考虑增加温度范围的裕量。

3.5.3　辐射

（1）总剂量效应

对于部分有源电子器件，需要考虑总剂量效应对参数退化或改变的影响。由于器件工艺技术的不同，参数变化可以是永久的，也可以是暂时的。辐射只对有源器件（含有半导体结的器件）的参数变化有影响。

总剂量效应引起的参数变化与辐射累积总量有关，并且贯穿整个生命周期。

①辐射总剂量估算

采用专业的防护和辐射分析工具（辐射区域分析），可以在器件级对单个器件的局部累积剂量进行估计和计算。单个器件累积的辐射剂量总量取决于飞行寿命时长、辐射环境（通常是航天器轨道函数）和防护。一般情况下，防护和总剂量分析合并入最坏情况参数分析，作为最坏情况分析的输入。

②参数漂移估算

根据局部累积剂量总量等级的估计和计算，可以得到每一个器件相关参数的漂移值。只能通过针对航天器上大量使用的元器件开展辐照试验的方法，获取受辐射总剂量影响的参数漂移信息。器件的参数漂移与元器件的生产工艺、厂商有关，不同的生产工艺、不同的厂商生产的元器件参数受总剂量效应影响的参数漂移情况也不同。下面的三种方法可以用来确定器件参数漂移值。

1）通过模拟适当的环境条件，对航天器上大量使用的元器件开展辐照试验，获取元器件参数漂移值。目前多数元器件都缺少辐照试验数据，政府相关部门也正在大力开展相关基础工作，包括辐射源建立、辐射试验条件建设及辐射强度研究、辐射后结果分析、辐射的防护方法和辐射的损坏与恢复等。这种方法可以参考标准文献中列出的试验结果。

2）如果参数漂移值是从器件的辐照试验数据中获取的（不在航天器上大量使用的器件目录中），对于器件试验数据和随航天器在轨飞行数据在参数性能变化上的差异，考虑增加适当的裕度，分以下两种情况考虑：

a）如果航天器上采用的元器件和试验用的元器件，生产厂商和加工工艺均相同，对于增益、阈值电压、阻抗和电导率等参数，考虑增加 20% 的裕度即可。

b）如果航天器上采用的元器件与试验所用的元器件的厂商或工艺不同，则需要考虑 100% 以上的裕度。因此，为了验证最坏情况参数分析设定的正确性，同时预估航天器上采用相同工艺的其他元器件的辐照等级，需要对航天器上采用的元器件的生产厂商生产的三个或以上数量的器件开展试验测试。

3）器件规范也是数据信息来源。这种情况下，器件规范给出了参数在指定的辐照剂量下的偏移量（包括初始容差）。

③辐照剂量试验和验证

进行最坏情况性能分析，需要对假定的器件参数漂移（总剂量效应产生）进行验证，同时为了估计和计算辐射累积剂量等级，假定的器件参数漂移要和器件手册规范中的性能变化一致。

器件辐射试验结果应该验证待测试器件相关参数漂移值在最坏情况性能分析假定的参数漂移范围之内。总剂量试验需要对所有器件设置电气属性的偏置条件，来确定参数漂移情况，更好的办法是，采用偏置条件仿真航天器的电气属性，这是因为辐射引起的参数漂移都是偏置变化量。

（2）单粒子效应

单粒子效应是一种无规律、难以提前预料的异常情况，在最坏情况性能分析中作为一种特殊因素考虑。在中高轨轨道卫星和深空探测器等电路设计中，设计人员总结出了三模冗余、定时刷新等方法和措施，同时对于关键的电路性能，应考虑开展单粒子效应的 WCCA。如果单粒子效应估计需要考虑单粒子防护措施，那么这些需要在设计文档中进行说明。为了预防单粒子事件引起的电路失效或退化，依据单粒子效应的评估结果增加相应的保护电路。特别是针对标准情况，需要在 WCCPA 中考虑这类电路。

3.5.4　电磁

电磁因素主要影响电气接口信号的变化（包括传导 EMC），这类变化由设备本身的设计决定，通常是随机变化，可以从接口规范和 EMC 要求中获取极值。

WCCA 要充分考虑特殊环境下的电磁影响问题，例如随着深空探测的不断深入，太阳磁暴是必须要考虑的一个重要因素，进行火星等行星际探测时电磁问题更为突出，电磁因素引起的电气接口信号变化是 WCCA 考虑的重点。

最坏情况的关注点是验证选定元器件的参数变化能否抑制传导 EMC，以及产生传导 EMC 的元器件能否满足 EMC 的设计要求。电路的 EMC 特性可以通过仿真和试验的方法确定。

3.5.5　老化

老化引起的参数变化涉及所有的无源器件和有源器件，一般为偏置量，并且是时间和温度的函数（有源器件是结温，无源器件是壳温），也可以表示为整个寿命周期内的偏差范围（采用百分比的形式）。老化对各类型器件的影响不同，可以从器件规范、老化试验和最坏情况参数数据库中获取变化数据。老化分析有两种方法：依据寿命外推和依据温度外推。

（1）根据寿命进行老化数据外推

如果设计寿命和数据库中的假定寿命不同，应当根据数据库中的数据进行外推，获取有效的老化数据。通常可以采用线性外推方法（保守方法），也可以采用其他外推方法，说明理由即可。注意，根据寿命进行老化数据外推要慎重，在工程上一定要依据规范开展，防范某些特殊情况下的错误应用。例如，在发生突变型故障等情况时，不能采用该方法。

设计寿命小于数据库假定寿命时，采用数据库中最接近的更长寿命的数据。由于老化过程不能采用线性推测，因此在缺乏理由的情况下，不能根据数据库中的数据采用插值的方法获取参数变化值。

（2）根据温度进行老化数据外推

相同持续时间下，根据数据库中的假定温度和器件最高工作温度进行老化数据外推，可以采用阿伦尼乌斯公式，如公式（3-1）

$$q_2 = q_1 \exp\left[\frac{E_A}{k} \times \left(\frac{1}{T_1} - \frac{1}{T_2}\right)\right] \tag{3-1}$$

式中　q_1、q_2——T_1、T_2 温度下的参数；

　　　T_1、T_2——测量 q_1、q_2 的开氏温度条件；

　　　E_A——激活能，eV；

　　　k——玻耳兹曼常数（8.62×10^{-5} eV/K）；

　　　$\exp(x) = e^x$——自然对数。

该方法及公式来源于 ECSS 标准 ECSS - Q - HB - 30 - 01A《Worst Case Analysis》（2011），工程中应用的关键是激活能的确定，一般可以查手册，但需要有工程数据支持，同时要进行充分评估，确定该方法可行。需要注意的是，上述方法只考虑了温度变化的最终结果，并没有考虑温度变化的中间历程，如果老化与温度变化的历程相关，则不能采用该方法，需要采用其他合理的方法进行外推。

表 3 - 2 是一些典型的激活能（以下是默认值，也可以依据适当规范，参考选用其他合理值）。

表 3 - 2　典型激活能数据表

半导体	GaAs	1.4 eV
	Silicon	1.1 eV
电阻	金属膜电阻/薄膜电阻	1.35 eV
	碳膜电阻	1 eV
	绕线电阻	1 eV
电容	陶瓷电容	1.67 eV
	瓷介电容/玻璃电容/云母电容	1.1 eV
	薄膜电容/塑料电容	3.4 eV
	钽电容	0.43 eV

例如：任务周期为 10 年，计算 V_Z 在 $T_2 = 85\ ℃$ 时的老化偏差，采用激活能为 1.1 eV（半导体器件）。已知在 $T_1 = 110\ ℃$ 时，偏差 $q_1 = \pm 2\%$，偏差 q_2 的计算公式如下

$$q_2 = \pm 2\% \times \exp\left[\frac{1.1}{8.62 \times 10^{-5}} \times \left(\frac{1}{273 + 110} - \frac{1}{273 + 85}\right)\right] \Rightarrow q_2 = \pm 0.195\%$$

(3 - 2)

$T_J = 85\ ℃$ 条件下，电压 V_Z 在 10 年后的变化偏差为 $\pm 0.195\%$。

老化分析应注意以下事项：

1）采用已有老化数据推导获取元器件的老化数据时，WCCA 分析人员应与产品设计人员进行充分确认，评估该方法和数据在 WCCA 中的风险，说明老化数据的有效性，保证覆盖最坏情况（可以考虑增加裕量）。

2）若根据已有数据采用曲线拟合插值的方法获取分析对象的老化数据，应充分说明理由并确认。

3.6　最坏情况边界确定

输入漂移的最坏情况边界可采用设计要求中的上下限，也可以采用试验边界或工作边界。一般而言，产品的工作边界在设计要求的上下限内，并有一定的裕量。特定情况下，为验证设计裕量，试验边界可以超出设计要求的上下限。WCCA 应该综合考虑三者的边界值，采用三者中的最大边界。各温度、辐射、电磁等环境因素的边界采用任务剖面的最

大边界，老化按照最大寿命计算，初始容差依据元器件的质量等级确定。各输入的最坏情况边界确定后，可汇总成表，汇总表式样见表 3-3。

表 3-3 输入最坏情况边界条件汇总

(1)	(2)	(3)	(4)
输入漂移范围	温度变化范围（单位：℃）	工作寿命（单位：年）	辐射总剂量（单位：krad）

注：1. 表中编号(1)为输入漂移范围，可根据具体要求分为输入电平范围、输入激励范围、输入负载范围等；
　　2. 表中编号(2)、(3)、(4)可根据具体的影响因素类别增加或删减。

不同元器件受各种因素影响的参数不同，参数变化的类型也不同，但所有器件变化的来源都可以归类为这些影响中的一个。采用参数偏差的最大值叠加法确定最坏情况边界。表 3-4 对各种可能的参数变化及特征进行了汇总。

表 3-4 各种可能的参数变化特征

	初始容差	温度	辐射	电磁	老化
涉及的器件类别	所有	所有	有源器件	所有	所有
变化类型	随机	偏差 （部分情况为随机）	偏差	偏差 （部分情况为随机）	偏差 （部分情况为随机）
相关变量	固有特性	温度范围	辐照总剂量、单粒子强度	电路设计	时间，温度
数据获取方式	器件规范	器件规范	器件规范，辐射试验	接口规范和 EMC 要求	最坏情况参数数据库和 ECSS-Q-60-11
特殊情况	校正补偿	温度补偿电路	—	—	—

各因素对元器件参数的影响进行同向叠加，获取元器件参数漂移的最大偏差，形成元器件参数最坏情况边界汇总表，式样见表 3-5。

表 3-5 元器件参数最坏情况边界汇总

(1)	(2)	(3)	(4)	(5)	(6)	(7)	(8)	(9)	(10)
元器件型号	元器件参数	额定值	初始容差	温度偏差	辐射偏差	电磁偏差	老化偏差	其他因素偏差	总漂移量

注：1. 表中编号(1)至(3)为设计输入，如元器件型号为电阻 RMK3216，参数为阻值 R，额定值为 10 kΩ；
　　2. 表中编号(4)至(9)为各因素引起的元器件参数漂移量，可裁剪，(10)为总漂移量。

3.7　电路分析模型建立

3.7.1　建模方法

当电路规模较小（电路输入参数少于 10 个）、组成结构简单（输出与输入之间函数关系明确）时，可以按照电路的结构和功能，建立电路性能参数与输入参数之间的函数关系式，作为电路分析模型。

例如，考虑如图 3-3 所示的一个信号放大电路，建立电路性能参数与输入参数之间的函数关系。

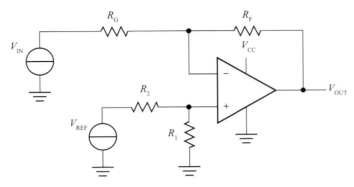

图 3-3　信号放大电路

电路的关键性能参数是输出电压 V_{OUT}，输入参数为输入电压 V_{IN}，基准电压 V_{REF}，电阻 R_1、R_2、R_G、R_F。运算放大器为假定为理想运放（输入电阻 $R_{IN} = +\infty$，输出电阻 $R_{OUT} = 0$，开环增益 $A_{VOL} = +\infty$）。

电路分析模型为

$$V_{OUT} = \left(\frac{R_F}{R_G}\right)V_{IN} + V_{REF}\left(\frac{R_1}{R_1 + R_2}\right)\left(\frac{R_F + R_G}{R_G}\right)$$

对于复杂电路，通过建立电路性能参数与输入参数之间的函数关系式作为电路分析模型的方法已不再适用，需要借助计算机软件平台建立电路仿真模型，作为电路分析模型。

3.7.2　电路仿真建模概念与方法

电路仿真技术是电子产品设计、测试、诊断以及维护全生命周期可靠性保障的重要手段。所谓电路仿真，就是建立信号在电路中的传播模型，由此来模拟实际电路的功能。电路仿真按分析对象不同可分为模拟电路仿真、数字电路仿真和混合电路仿真。

电路仿真技术是随着计算机技术的发展而发展的。早在 20 世纪 50 年代，电路研究者就已经开始关注计算机辅助电路分析，优化以及自动化设计的问题。在 70 年代早期，仿真技术已广泛用来在制造之前验证集成电路的行为，它通过围绕晶体管建立电流和电压变量来仿真电路的行为，这通常称为模拟仿真或电路级仿真。早期的仿真器只能模拟几百个晶体管的电路，随着数学方法的发展，仿真器已能处理更大的电路，例如 SPICE 仿真器，由于其相对稳定且高效的电路仿真效果，得到了广泛的应用和发展，目前也是事实上公认的电路仿真世界标准。

随着 IC 集成的增加，利用电路级仿真器来仿真整个 IC 芯片的行为已不再可行，因此，必须寻找新的技术和方法。由于大部分 IC 设计仅仅包含数字功能，因此可以把整个芯片建模为互连的逻辑门集合，由此产生相应的仿真方法称为门级仿真或逻辑仿真。每个逻辑门的输入被假设仅仅认识两个状态——逻辑 0 和逻辑 1，另一个附加状态通常用来建模开路输入和短路输出的影响，即中间状态 X，第四个状态 Z 用来表示高阻的三态输出。通过模型的这种假设，使仿真器能处理数千个晶体管的电路，而只损失小量的信号精度，这样每个模型的输出只需要通过输入状态的布尔运算就能得到，这些运算大大低于电路级仿真的算术运算。门的输出状态赋一个值之后，它将一直保持不变，直到它收到新的输入状态，因此，门级仿真器仅仅只在输入状态发生改变的时刻才去评估门的模型。这意味着每个模型只在离散的多个时间步（Time Step）被要求激活，而电路级仿真则要求在每个时间步都进行评估。用在数字仿真器中的方法称为事件驱动法，而模拟仿真器称为连续的方法，采用离散方法的数字仿真器比模拟仿真器快很多。

随着对模拟和数/模混合信号电路设计的需求不断提高，相应的建模方法和描述设计的标准成为 IC 设计的关键因素之一。针对设计人员对数/模混合信号硬件描述语言的需求，20 世纪 90 年代，出现了在 Verilog 基础上扩展的 Verilog - AMS 和在 VHDL 基础上扩展的 VHDL - AMS 两种数/模混合信号硬件描述语言，并且它们有各自支持的仿真器。这两种语言支持自上而下的数/模混合电路设计流程，使混合电路的行为级描述成为可能，简化了设计人员的繁重工作。

（1）VHDL - AMS 语言概述

VHDL - AMS（Analog and Mixed Signal）是 IEEE 将 VHDL 标准扩展到描述模拟和混合信号的一种标准语言。它基于 VHDL，重点在模拟和混合信号的描述上，最终实现模拟电路以及数/模混合电路的语言级描述、仿真和综合。IEEE 将这个新标准称为 1076.1，VHDL 1076.1 支持数字、模拟和数/模混合系统仿真。与已有的混合信号语言不同，VHDL - AMS 是一种真正的自上而下的设计语言，是用一种语言来完全支持各种信号，而不是单纯地把各自独立描述的数字电路和模拟电路组合连接起来。

与其他的设计语言相比较，VHDL - AMS 语言具有很多优越性，比如模型灵活统一。Matlab、VHDL 和 SPICE 所做的模型都可以用 VHDL - AMS 这一种语言来模型化。它是 VHDL 的超集，包括 VHDL 语言的所有能力，并且增加了描述模拟系统的能力，增加了在同一次仿真中采用模拟和数字进行混合描述的能力，VHDL - AMS 与 VHDL 的对比如图 3 - 4 所示。

VHDL - AMS 混合语言允许用户用不同的方式书写模型。除了用一系列内嵌的原语构建复杂模型以外，还可以构建诸如方程、数学函数以及事件驱动等方式的模块。这种灵活性保证了行为级模型的建立，而行为级模型不同于其他模型之处就在于它只需描述模型的行为，而不需要声明模型是如何实现的。其好处是构建的模型既不会损失精度和降低使用性，又减轻了实现的难度。因此，VHDL - AMS 可以极为有效地描述行为级的器件或者系统，如 A - D 和 D - A 转换器，或是一个完整的磁盘驱动器设计等。而以前，很多含有模拟信号的芯片设计都是不可能进行仿真分析的。

因此，可以看到，VHDL - AMS 这样一个完全集成的混合信号设计语言，为设计者

层次	内容		
系统(传输函数)	描述		VHDL-AMS
系统(事件)	描述	VHDL	
芯片	算法		
寄存器逻辑	真值表，状态表 布尔方程		
电路	微分方程		

图 3 - 4　VHDL - AMS 与 VHDL 的对比

和 EDA 软件厂商提供了大量的新机会，也为模拟和混合信号设计的发展提供了基础和可能。

（2）Verilog - AMS 语言概述

目前除了研究 VHDL - AMS，与数字技术中 VHDL 与 Verilog 关系相对应，也出现了 Verilog - AMS 标准。Verilog - AMS 语言是由 IEEE 2364 - 995 Verilog - HDL 衍生而来的，它由 OVI（Open Verilog International）的模拟技术分小组提出。Verilog - AMS 是 Verilog - HDL 和 Verilog - A 的超集，它结合 Verilog - HDL 的事件驱动模型和 Verilog - A 的连续时间模型，可以有效地建立混合信号的行为级模型。

同 VHDL - AMS 建模语言一样，Verilog - AMS 也适合多种高层次描述，图 3 - 5 是 Verilog - AMS 语言描述示意图。

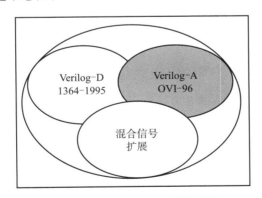

图 3 - 5　Verilog - AMS 语言结构

从图 3 - 5 中可以看出，它的描述领域囊括了几乎所有的描述层次，它提供了数字和模拟模块的统一功能，数字信号和模拟信号可以在同一模块中进行声明，对于混合建模，与 VHDL - AMS 相比，它提供了一个自动的插入接口部分，执行信号之间的转换，从而模拟和数字模型可以直接连接，而不必考虑终端/端口类型。从这个角度来说，Verilog - AMS 能更好地支持混合电路仿真与建模。

3.7.3 最坏情况电路仿真建模

在计算机仿真软件平台上，采用适当的建模语言，建立电路仿真模型的步骤如下：

1）建立元器件的 EDA 功能仿真模型；

2）对于影响元器件性能的各项因素，用函数关系式、偏差量范围或概率分布等形式，对性能与影响因素之间的关系进行建模；

3）依据数据手册、试验数据或其他数据规范，搭建测试电路，对元器件的各项功能进行验证；

4）对影响元器件性能的各项因素，逐一测试其对性能的影响；

5）元器件模型测试需要迭代开展，直到各项功能、性能指标测试通过；

6）模型验证通过后，依据电路的组成结构，在计算机软件平台上搭建电路的仿真模型；

7）在计算机软件平台上设置电路的工作条件，如温度变化范围、工作寿命、辐射情况等；

8）设定电路的额定工况，仿真关键性能参数输出，对照电路的设计要求，验证电路仿真模型；

9）电路仿真测试需要迭代开展，直到各项指标要求测试通过，输出电路仿真模型。

3.8 最坏情况电路分析内容与流程

最坏情况电路分析的工作内容包括最坏情况电路性能分析和最坏情况元器件应力分析。

3.8.1 最坏情况电路性能分析

（1）目的

最坏情况电路性能分析的目的是验证电子电路在所有的工作条件下都有足够的工作裕度，验证电子电气设备的工作性能在设计规范要求的范围之内，特别是在寿命末期由于环境因素影响造成的器件参数变化，电路的工作性能是否满足设计要求。

（2）实施步骤

对于规模小、组成结构简单的电路，如果已经建立了电路性能参数与输入参数之间的函数关系式，可采用人工分析方法分析其性质，步骤如下：

1）根据灵敏度分析结果和电路输入参数范围或分布，确定电路输入参数取值；

2）选用极值分析法、平方根分析法或蒙特卡罗分析法，根据电路性能参数与输入参数之间的函数关系式，计算电路性能参数的最大值和最小值。

对于复杂电路，需要借助计算机软件工具，采用最坏情况电路性能仿真分析方法，流程如图 3-6 所示。

仿真算法可选用极值分析法或蒙特卡罗分析法。

若采用极值分析法，实施步骤如下：

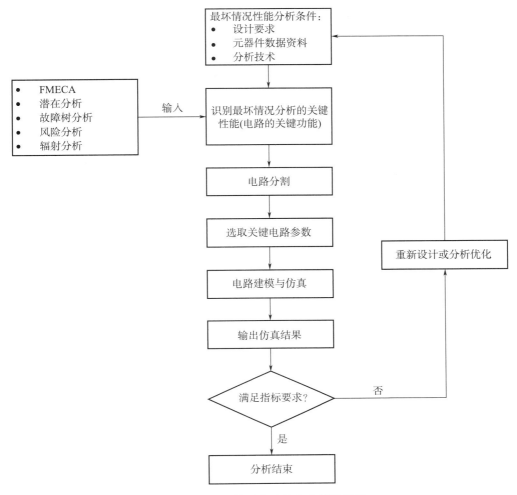

图 3 - 6 　最坏情况电路性能分析流程图

1）依据灵敏度分析结果，确定电路性能参数为最坏情况最大值和最坏情况最小值时的输入参数极值组合；

2）按照输入参数极值组合设定电路模型的最坏情况仿真输入，对电路模型进行仿真计算，输出电路性能参数的最大值和最小值。

若采用蒙特卡罗分析法，实施步骤如下：

1）首先对电路模型的输入参数设置偏差范围和分布类型、分布参数，并设置抽样次数 n；

2）利用计算机软件工具，在电路模型输入参数偏差范围内，根据偏差的分布类型进行随机抽样，改变所有设置偏差的电路模型输入参数；

3）根据改变后的模型输入参数，对电路模型进行仿真计算，求解该组输入参数组合下的电路性能参数，并作为独立的一组输出；

4）如此反复计算 n 次，得到 n 组随机输出，并对输出数据进行统计分析，输出最大值、最小值、平均值和偏差，并画出直方图，求出设计要求允许偏差范围内的出现概率。

仿真分析完成后，输出并汇总电路所有关键性能参数在额定工况下和最坏情况下的仿真波形及测量值，包括稳态值和瞬态值。

（3）分析方法

最坏情况电路性能分析需要综合应用到灵敏度分析法、极值分析法、平方根分析法以及蒙特卡罗分析法等，需要根据具体情况进行选择。

（4）结果输出与改进建议

把最坏情况电路性能分析所得到的电路性能参数的偏差范围与电路性能指标要求相比较，如果符合要求，则分析结束；若不符合要求，则需要修改设计（重新选择电路组成部分参数或其精度等级，或更改原电路结构）。设计修改后，仍需进行最坏情况电路性能分析，直到所求得的电路性能参数的偏差范围完全满足电路性能指标要求。

最坏情况电路性能分析完成后，应将最坏情况性能分析结果汇总成表，参见表 3 - 6。

表 3 - 6　WCCA 报告分析结果汇总表

序号	参数	初始	温度	老化＋辐射	总和	指标	分析方法	符合性
1	最大输出电流 16.8 A	± 26 mA (0.16 %)	± 37 mA (0.22 %)	± 111 mA (0.66 %)	±119.86 mA (0.71%)	1.10 %	RSS	符合
2	限制电流 21.246 A	± 1.823 A	± 0.697 A	± 0.353 A	± 2.873 A	± 3.00 A	EVA	符合

把最坏情况电路分析所得结果与电路性能指标要求进行比较：

1）分析结果满足指标要求，则分析结束，形成最坏情况分析报告；

2）分析结果不满足要求，则指出存在的主要薄弱环节，提出响应的设计改进的措施建议。

对最坏情况电路性能分析不合格的电路，有三种解决方法：

1）更改电路的结构设计，使电路允许元器件有较大的公差；

2）更改电路的参数设计，选择稳定性最优的元器件参数值；

3）考虑到全部采用低公差、高稳定性元器件，会造成产品成本提高，制造困难，在满足电路/系统容差指标的前提下，可以只对其中影响系统参数大的元器件提出低公差、高稳定性的要求。

（5）注意事项

最坏情况电路性能分析需要注意以下事项：

1）需要对所有 WCCA 关键性能参数进行分析；

2）如果数学分析方法采用的是蒙特卡罗分析法，采样次数需要保证置信概率要求；

3）对于灵敏度大的元器件参数或设计过程中待调试的元器件参数，可开展参数扫描分析，计算使电路性能参数满足设计要求时的元器件参数范围。

3.8.2　最坏情况元器件应力分析

（1）目的

最坏情况元器件应力分析的目的是分析在最坏情况条件下元器件的工作应力，评估是否满足元器件使用要求或降额设计要求，工作应力包括稳态条件的工作应力和瞬态条件的工作应力。

（2）实施步骤与分析方法

对于规模小、组成结构简单的电路，如果已经建立了电路性能参数与输入参数之间的函数关系式，可采用应力计算方法，步骤如下：

1）根据电路性能参数与输入参数之间的函数关系式和最坏情况电路性能分析结果，计算元器件端电压的最大值和最小值，求解最大端电压差；

2）依据元器件应力的具体形式，计算最坏情况工作应力，汇总最坏情况元器件应力分析结果。

对于复杂电路，需要借助计算机软件工具，建立电路的仿真模型，采用计算机仿真分析方法，步骤如下：

1）确定元器件的工作应力类型，如电阻的功率、电容的耐压等，设定额定值。

2）可选择极值法或蒙特卡罗法，仿真计算元器件的最坏情况工作应力。

3）若采用极值法，仿真步骤如下：

a）对每个元器件逐一进行分析，确定每个元器件的应力类型，如电阻的功率等；

b）分析各元器件的端电压，如电阻为两端器件，则有两个端电压；

c）根据灵敏度分析结果形成最坏情况下电路仿真模型输入参数组合，通过计算机软件仿真，计算得到元器件各端电压的最坏情况最大值和最坏情况最小值；

d）计算各端电压极差，其中的最大者即为该元器件承受的最坏情况电压应力。

e）根据电压应力计算所要求形式的元器件应力，作为最坏情况工作应力。

4）若采用蒙特卡罗法，仿真步骤如下：

a）与采用蒙特卡罗法的最坏情况电路性能仿真分析方法相同，采用参数随机抽样的方式，依次进行 n 次仿真，得到电路各个元器件的 n 组应力数据；

b）从 n 组应力数据中提取元器件各个应力参数的最大值，作为最坏情况工作应力。

5）输出并汇总电路中元器件在最坏情况下的工作应力，并与元器件使用要求或降额设计要求进行比较分析。对于过应力的元器件参数，输出应力参数的时域瞬态仿真波形。

根据电路的规模，可以采用第 2 章 2.3.1 节中的最坏情况应力计算方法，或计算机仿真分析方法。

（3）结果输出与改进建议

将计算结果（最坏情况应力）填入工作单中，与降额后的值（无降额时为额定值）进行比较，判断元器件是否过应力使用。若最坏情况应力大于额定值或降额后的值则元器件过应力；若只大于降额后的值说明降额不够。根据最坏情况元器件应力分析结果，指出电路中存在过应力的元器件；提出改进措施建议，包括元器件选用及降额要求、电路设计改进等。最坏情况元器件应力分析工作单参见表 3 - 7。

表 3－7　最坏情况元器件应力分析工作单

用户			原理图		日期	
系统			元器件表		分析者	
子系统			环境条件		审核	
电路					页码	

(1)	(2)	(3)	(4)	(5)	(6)	(7) 最坏情况工作应力			(8)	(9)
元器件代号	元器件型号	说明（值、偏差）	额定值	降额(%)	设计标称值	应力 1	应力 2	应力 3	最坏应力与允许应力之比	备注

注：1. 最坏情况工作应力应根据具体情况选择，如电压，电流，功率等；

2. 表中编号(1)～(6)为分析前输入，(7)～(8)为分析后得到的结果；

3. 工作应力包括稳态条件和瞬态条件下的工作应力。

4. (8)中的比较应针对(7)中的每一个应力进行，只要有一个过应力，则元器件过应力。

3.9　最坏情况电路分析报告

最坏情况电路分析结束后，应形成报告，作为产品设计改进的依据及产品设计评审的资料。该报告应反映 WCCA 的主要内容和结果，包括产品的描述、分析时所考虑的参数、分析方法、用于评价电路/系统特性的统计极限判断、分析结果汇总、结论及其相应建议等。一般包括：

1）产品描述；

2）所考虑的电路性能；

3）所考虑的影响电路性能参数的主要因素（包括输入、元器件参数及环境因素）；

4）分析的有关假设、判据；

5）分析方法及分析过程；

6）分析结果及与指标要求对比分析；

7）分析结论及相应措施建议。

3.10　本章小结

最坏情况电路分析技术作为一项专业的电路可靠性分析技术，一般需要由专业的设计、分析人员采用专业的手段、工具开展工作，因此本章给出了规范性的技术流程，以指导广大工程技术人员开展最坏情况电路分析工作。

本章给出了主要包括数据准备、模块划分、电路参数与影响因素确定、建模与仿真以及分析报告等环节的最坏情况电路分析技术流程，对每一环节进行了详细说明，并辅之以图表公式等，分析人员可据此开展分析工作，同时根据具体要求加以调整等。

第4章　模拟电路最坏情况分析

4.1　引言

　　模拟电路是电子电路的主要类型之一，用于模拟信号的产生、采集、运算和处理，在各类电子产品中应用十分广泛。常用的模拟电路类型包括信号运算和处理电路、波形发生与转换电路、功率放大电路以及直流电源等。

　　在电子系统的设计过程中，物理信号的提取、处理、加工、驱动与执行等环节都需要通过模拟电路来实现。模拟电子元器件在工作过程中容易受到温度、辐照、老化以及初始容差等因素影响，造成性能参数漂移、输出超调、器件过应力等问题，降低了产品电学性能和可靠性，甚至引起产品寿命大幅缩短等严重后果。因此，在原理设计阶段，对模拟电路开展最坏情况电路分析，能够提前发现电子系统的设计缺陷和薄弱环节，并通过针对性改进设计，最大限度地避免由于器件选型不合理、降额设计不充分导致的产品性能可靠性降低及环境适应性差等问题。

　　本章以模拟电路为主要对象，分别从关键性能参数、主要影响因素、最坏情况分析内容与方法等三个方面，对模拟电路最坏情况电路分析进行介绍。

4.2　模拟电路关键性能参数

　　电子系统关键性能参数的选取是开展最坏情况电路分析的重要前提和基础，是工作开展的必要输入条件。在具体开展分析时，分析人员可依据电路的具体功能按照分立器件和功能模块两个层面来识别和选取电路中的关键性能参数。由于制造工艺所限，各类器件参数往往具有分散性，因而在开展最坏情况电路分析时应结合元器件手册中提供的参数的标称值和上下限值，同时应特别注意元器件手册上每个参数的测试条件，当使用条件与测试条件不同时，元器件在极端情况下的关键性能参数和分析评估标准也会发生变化。

4.2.1　典型元器件关键性能参数

　　常用分立模拟器件可分为阻容感器件和半导体器件两大类。其中，阻容感器件包括电阻器、电容器、电感器等，其关键性能参数如表 4-1～表 4-3 所示。常用半导体分立器件主要包括二极管、三极管、场效应管等类型器件，其关键性能参数如表 4-4～表 4-6 所示。

表 4-1　电阻器关键性能参数

性能参数	说明
标称阻值	电阻器所标示的阻值,极端情况下亦应考虑电阻开路(阻值无穷大)和短路(阻值为零)等情况
允许误差	标称阻值与实际阻值的差值跟标称阻值之比的百分数。该参数表示电阻器的精度
额定功率	在正常气压环境下及环境温度为 $-55\sim+70$ ℃的条件下,电阻器长期工作所允许耗散的最大功率
额定电压	在正常气压环境下及环境温度为 $-55\sim+125$ ℃的条件下,电阻器长期工作所允许耗散的最大功率
最高工作电压	允许的最大连续工作电压,在低气压工作时,最高工作电压降低
温度系数	温度每变化 1 ℃所引起的电阻值的相对变化。温度系数越小,电阻受温度影响而产生的参数漂移越小,稳定性越好。该参数是进行电路容差分析和老化分析的重要参数之一
老化系数	电阻器在额定功率长期负荷下,阻值相对变化的百分数,该参数表示电阻器寿命长短
电压系数	在规定的电压范围内,电压每变化 1 V,电阻器的相对变化量
噪声	产生于电阻器中的一种不规则的电压起伏,可分为热噪声和电流噪声两部分

表 4-2　电容器关键性能参数

性能参数	说明
标称容量	电容器所标示的电容量。电容器实际电容量与标称电容量是有偏差的,精度等级与允许误差有对应关系。一般电容器常用 I、II、III级,电解电容器用 IV、V、VI级,根据用途选取。电解电容器的容值,取决于在交流电压下工作时所呈现的阻抗,随着工作频率、温度、电压的变化,容值也会有变化
额定电压	在最低环境温度和额定环境温度下可连续加在电容器的最高直流电压的有效值。在实际工作过程中,随着温度升高,耐压值将降低
绝缘电阻	直流电压加在电容上,产生漏电流,两者之比称为绝缘电阻。电容较小时,主要取决于电容的表面状态,容量大于 $0.1~\mu F$ 时,主要取决于介质。绝缘电阻越大越好
损耗因数	电容器每个充放电周期内损耗能量与存储能量之比,该参数融合了电容器的泄漏电阻、等效串联电阻和等效串联电感等三项指标。品质因数 Q 为其倒数
频率特性	随着频率的上升,一般电容器的电容量呈现下降的规律。当电容工作在谐振频率以下时,表现为容性;当其超过谐振频率时,表现为感性。因此实际工作时,应避免电容工作在谐振频率以上
温度系数	电容值随温度变化的范围

表 4-3　电感器关键性能参数

性能参数	说明
电感量	又称自感系数,是表示电感元件自感应能力的一种物理量。自感电势的方向总是阻止电流变化,这种电磁惯性的大小就用电感量来表示。该参数与线圈匝数、尺寸、导磁材料有关
感抗	电感线圈的感应电势总是阻止线圈中电流的变化,故线圈对交流电具有阻力作用,阻力大小就用感抗 X_L 来表示。线圈通过低频电流时,感抗较小;通过高频电流时,感抗较大
品质因数	线圈在一定频率的交流电压下工作时,其感抗 X_L 和等效损耗电阻之比即为品质因数。线圈的感抗越大,损耗电阻越小,品质因数越高
直流电阻	电感线圈自身的直流电阻
额定电流	允许长时间通过电感元件的直流电流值

表 4-4　半导体二极管关键性能参数

性能参数	说明
最大整流电流 I_F	I_F 是二极管长期运行时允许通过的最大正向平均电流，其值与 PN 结面积及外部散热条件等有关。在规定散热条件下，二极管正向平均电流若超过此值，则将因结温升过高而烧坏
最高反向工作电压 U_R	U_R 是二极管工作时允许外加的最大反向电压，超过此值时，二极管有可能因反向击穿而损坏。通常 U_R 为击穿电压 $U_{(BR)}$ 的一半
反向电流 I_R	I_R 是二极管未击穿时的反向电流。I_R 越小，二极管单向导电性越好，I_R 对温度非常敏感
最高工作频率 f_M	f_M 是二极管工作的上限截止频率。超过此值时，由于结电容的作用，二极管将不能很好地体现单向导电性
稳定电压 U_Z	U_Z 是在规定电流下稳压管的反向击穿电压。由于半导体器件参数的分散性，同一型号的稳压管存在一定偏差
稳定电流 I_Z	I_Z 是稳压管工作在稳压工作状态时的参考电流，电流低于此值时，稳压效果变坏，甚至根本不稳压
额定功耗 P_{ZM}	P_{ZM} 等于稳压管的稳定电压 U_Z 与最大稳定电流 I_{ZM} 的乘积。稳压管的功耗超过此值时，会因结温升过高而损坏
动态电阻 r_Z	r_Z 是稳压管工作在稳压区时，端电压变化量与其电流变化量之比，即 $r_Z = \Delta U_Z / \Delta I_Z$。$r_Z$ 越小，电流变化时 U_Z 的变化越小，即稳压管的稳压特性越好。
温度系数 α	α 表示温度每变化 1 ℃ 稳压值的变化量，即 $\alpha = \Delta U_Z / \Delta T$。稳定电压小于 4 V 的管子具有负温度系数，即温度升高时稳定电压值下降；稳定电压大于 7 V 的管子具有正温度系数，即温度升高时稳定电压值升高；稳定电压介于 4~7 V 之间的管子，温度系数非常小，接近于 0

表 4-5　晶体三极管关键性能参数

性能参数	说明
最大集电极耗散功率 P_{CM}	P_{CM} 决定晶体管的温升，当硅管温度大于 150 ℃、锗管温度大于 70 ℃ 时，管子特性明显变差，甚至烧坏。对于确定信号的晶体管，P_{CM} 是一个确定值
最大集电极电流 I_{CM}	i_C 在相当大的范围内 β 值基本不变，可视为常数。但当 i_C 的数值大到一定程度时，β 值将减小，使 β 值明显减小的 i_C 值即为 I_{CM}
极间反向击穿电压	极间反向击穿电压是指晶体管的某一电极开路时，另外两个电极间所允许加的最高反向电压。超过此值时，管子会发生击穿现象

表 4-6　场效应管关键性能参数

性能参数	说明
最大漏极电流 I_{DM}	I_{DM} 是管子工作时，漏极电流的上限值
漏源击穿电压 $U_{(BR)DS}$	管子进入恒流区后，使 i_D 骤然增大的 u_{DS} 称为漏源击穿电压 $U_{(BR)DS}$，u_{DS} 超过此值，会使管子损坏
最大耗散功率 P_{DM}	P_{DM} 决定晶体管的温升，P_{DM} 确定后，便可在管子的输出特性上画出临界最大功耗线；再根据 I_{DM} 和 $U_{(BR)DS}$，便可得到管子的安全工作区。在存放和工作电路中，都应为栅-源之间提供直流通路，避免栅极悬空，造成管子的损坏

4.2.2　功能模块关键性能参数

常用模拟电路按照功能模块划分，主要分为基本放大电路、信号运算和处理电路、功率放大与驱动电路以及直流电源等四类。各类型功能模块的主要性能参数具体如表 4 - 7～表 4 - 10 所示。

表 4 - 7　基本放大电路关键性能参数

性能参数	说明
放大倍数	放大倍数是直接衡量放大电路放大能力的重要指标,其值为输出量 X_o 与输入量 X_i 之比。对于小功率放大电路,人们常常只关心电路单一指标的放大倍数,如电压放大倍数等
通频带	通频带用于衡量放大电路对不同频率信号的放大能力,由于放大电路中电容、电感及半导体器件结电容等电抗件的存在,在输入信号较低或较高时,放大倍数的数值会下降并产生相移
最大不失真输出电压	当输入电压再增大时,就会使输出波形产生非线性失真时的输出电压
最大输出功率与效率	在输出信号不失真的情况下,负载上能够获得的最大功率称为最大输出功率 P_{ON},此时输出电压达到最大不失真输出电压。直流电源能量的利用率称为效率 η

表 4 - 8　信号运算与处理电路关键性能参数

性能参数	说明
开环差模增益 A_{od}	在集成运放无外加反馈时的差模放大倍数称为开环差模增益, $A_{od} = \Delta u_O / \Delta(u_P - u_N)$
共模抑制比 K_{CMR}	共模抑制比等于差模放大倍数与共模放大倍数之比的绝对值, $K_{CMR} = \mid A_{od}/A_{oc} \mid$
输入失调电压及其温漂	U_{IO} 是使输出电压为 0 时,在输入端所加的补偿电压, U_{IO} 越小,表明电路参数对称性越好。 dU_{IO}/dT 是 U_{IO} 的温度系数,是衡量运放温漂的重要参数,其值越小,表明运放的温漂越小
输入失调电流 I_{IO} 及其温漂 dI_{IO}/dT	I_{IO} 反映输入级差放管输入电流的不对称程度, dI_{IO}/dT 与 dI_{IO}/dT 的含义相类似, I_{IO} 和 dI_{IO}/dT 越小,运放的质量越好
最大共模输入电压	最大共模输入电压是输入级正常放大差模信号情况下允许输入的最大共模信号,若共模输入电压高于此值,则运放不能对差模信号进行放大,因此在实际应用中,应特别注意共模信号的大小
最大差模输入电压 $U_{Id max}$	当集成运放所加差模信号达到一定程度时,输入级至少有一个 PN 结成熟反向电压, $U_{Id max}$ 是不至于使 PN 结反向击穿所允许的最大差模输入电压。当输入电压大于此值时,输入级将损坏
−3 dB 带宽	f_H 是使功率放大倍数为 0.5 时的信号带宽
单位增益带宽	f_c 是使 A_{od} 下降到零分贝(即 $A_{od} = 1$,失去电压放大能力)时的信号频率
转换速率	SR 是在大信号作用下输出电压在单位时间变化量的最大值。 SR 表示集成运放对信号变化速度的适应能力,是衡量运放在大幅值信号作用时工作速度的参数。当输入信号变化斜率的绝对值小于 SR 时,输出电压才能按线性规律变化

表 4 - 9　功率放大电路关键性能参数

性能参数	说明
最大输出功率	在电路参数确定的情况下负载可能获得的最大交流功率
转换效率	功放电路的最大输出功率与电源所提供的功率之比,为转换效率

表 4 - 10　直流电源关键性能参数

性能参数	说明
输出电压平均值	负载电阻上电压的平均值
脉动系数 S	整流输出电压的脉动系数 S 定义为整流输出电压的基波峰值 U_{O1M} 与输出电压平均值 $U_{O(AV)}$ 之比，S 越大，脉动越大
稳压系数	负载一定时，稳压电路输出电压相对变化量与其输入电压相对变化量之比
输出电阻	稳压电路输入电压一定时，输出电压变化量与输出电流变化量之比

4.3　模拟电路性能的主要影响因素

影响模拟电路性能的主要因素包含四个：初始容差因素、温度因素、老化因素和辐照因素。四个主要因素对电路性能的影响方式和途径不同，因此需要采用不同的方法开展最坏情况电路分析。

4.3.1　初始容差因素

元器件的初始参数偏差涉及所有有源器件和无源器件，主要受器件制造公差、加工精度、工艺品质等因素影响，并且与元器件本身的质量等级关系密切。按照国际通用的分类方法，元器件质量等级一般可分为宇航级、883B 级、军级、工业级、商业级。大部分民用产品主要采用商业级和工业级元器件，军用武器装备以及空间电子产品则采用军级、883B 级和宇航级的元器件。军级、宇航级的元器件精度误差、稳定性、可靠性等方面要远高于常用商用元器件，适用的温度环境也更加严苛。各等级元器件在性能指标上的差异如表 4 - 11 所示。

表 4 - 11　不同等级的器件比较

质量等级	温度范围	抗辐射能力	可靠性	价格	性能
宇航级	$-55\sim+125$ ℃	高	高	高	高
883B 级	$-55\sim+125$ ℃				
军级	$-55\sim+125$ ℃	↓	↓	↓	↓
工业级	$-40\sim+85$ ℃				
商业级	$0\sim+70$ ℃	低	低	低	低

在航天工程实践中，设计人员一般首先根据优选目录和数据手册进行元器件初步选型，而后经过采购、验收、检验、分析等一系列环节保证和控制元器件质量和初始容差。因此，在考虑初始容差因素开展最坏情况电路分析时，不光要根据元器件厂商提供的"纸面数据"，更需要综合分析和运用元器件使用方在"选、购、收、验、析"等环节产生的大量实际数据，尤其是元器件应用的历史先验数据、经验收和老化筛选后的性能数据以及可信性分析数据等，这样才能保证元器件初始容差数据的准确性和有效性。

规范的元器件型号命名一般都包含有元器件容许误差范围或等级信息，以电阻器

RJ71 - 0.125 - 5.1K - 1 的型号命名为例，其代表容许误差的参数如表 4 - 12 所示。

表 4 - 12　某电阻器的型号

R	J	7	1	0.125	5.1K	1
主称	材料	分类	序号	功率	标称阻值	容许误差
电阻器	金属膜	精密		0.125 W	5.1 kΩ	I组±5%

各系列电阻器的标称阻值的系列值如表 4 - 13 所示。

表 4 - 13　电阻器的标称阻值系列

容许误差	系列代号	系列值
±20%	E6	10、15、22、33、47、68
±10%	E12	10、12、15、18、22、27、33、39、47、56、68、82
±5%	E24	10、11、12、13、15、16、18、20、22、24、27、30、33、36、39、43、47、51、56、62、68、75、82、91

电阻器容许误差等级如表 4 - 14 所示。

表 4 - 14　电阻器容许误差等级

单位：Ω

容许误差	±0.5%	±1%	±5%	±10%	±20%
等级	005	01	I	II	III

　　对于集成运放、滤波、稳压等复杂模拟器件和功能模块，其关键性能参数变化范围和调节区间更加复杂多样，需要综合考虑器件工作温度、工作频率、供电电压等输入条件。当器件温度或供电电压不同时，其输出特性和关键性能指标也不同，所以需要依据器件手册中的性能变化曲线等详细信息和工作特性进行分析和初始参数设置。

　　在数据手册中，器件参数通常会以某工作温度下的"典型值""最大值"和"最小值"分别给出。以 TI 公司的三端稳压芯片 LM2930 为例，其输出电压的典型值为 8 V，此时芯片的输入电压为 14 V，输出电流为 150 mA，结温为 25 ℃，即只有当上述条件满足时，芯片才能输出正确的电压值。因此，在开展最坏情况电路分析过程中，尤其是对复杂模拟器件进行初始参数设置时，必须要综合考虑器件的各输入输出变量之间的关系。图 4 - 1 给出了 TI 公司三端稳压芯片 LM2930 输出电压特性。

LM2930 - 8.0 (V_{IN} = 14 V，I_C = 150 mA，T_j = 25 ℃[2]，C_2 = 10 μF, unless otherwise specified)

Parameter	Conditions	Typ	Tested Limited	Deign Limited	Unit
输出电压		8	8.5 V		V_{MAX}
			7.5 V		V_{MIN}
	9.4 V≤V_{IN}≤26 V，5 mA≤I_{out}≤ 150 mA，-40℃≤T_j≤125℃			8.8 V	V_{MAX}
				7.2 V	V_{MIN}

图 4 - 1　TI 公司三端稳压芯片 LM2930 输出电压特性

4.3.2 温度因素

温度是影响模拟电路性能的关键因素之一，在开展最坏情况分析时，应充分考虑元器件各性能参数随温度变化的趋势。由前文可知，温度因素对于模拟器件具有多种影响方式。

如图 4-2 所示，当开展考虑温度因素的最坏情况电路分析时，主要包括四部分工作：

1）明确电路性能指标要求。包括电路的电性能参数、工作模式和工作环境等，以及产品加电时间、负载条件、激励条件、散热条件等。

2）确定影响电路性能的器件关键参数。根据电路具体功能，确定出能够影响电路性能的元器件关键参数，如电阻值、电容值、温度系数、老化系数等。

3）灵敏度分析。结合电路具体结构和原理开展灵敏度分析，确定各器件参数变化方向与电路性能变化的相关性。

4）最坏情况分析。结合灵敏度方向、温度系数等，进行最坏情况条件的组合，并基于该组合进行电路性能的计算，得出性能的最大值和最小值。

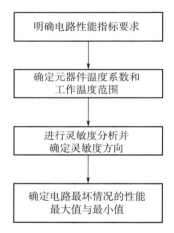

图 4-2　考虑温度因素的最坏情况分析流程

以图 4-3 所示的电压分配器为例，对上述过程进行说明。

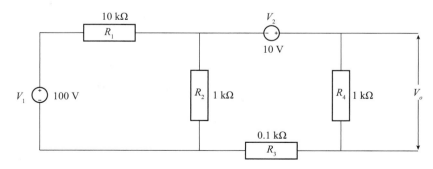

图 4-3　电压分配器电路

（1）明确电路性能指标要求

该电路性能是输出电压 V_o，要求为额定值（9.5±0.8）V，即下限＋8.7 V，上限＋10.3 V。

（2）确定影响电路性能的元器件关键参数

该电路中，电阻 R_1、R_2 随温度变化的极值偏差为±10%，电阻 R_3、R_4 随温度变化的极值偏差为±5%，电源 V_1 的电压波动范围为±10%，电源 V_2 的电压波动范围为±5%。上述各元器件参数设计标称值、极大值和极小值如表 4-15 所示。

表 4-15　电压分配器电路元器件参数值

元器件	参数值		
	极大值	额定值	极小值
R_1	11 kΩ	10 kΩ	9 kΩ
R_2	1.1 kΩ	1 kΩ	0.9 kΩ
R_3	0.105 kΩ	0.1 kΩ	0.095 kΩ
R_4	1.05 kΩ	1 kΩ	0.95 kΩ
V_1	110 V	100 V	90 V
V_2	10.5 V	10 V	9.5 V

（1）灵敏度分析

该电路方程为

$$V_o = \frac{\left(\dfrac{R_2 V_1}{R_1 + R_2} + V_2\right) R_4}{\dfrac{R_1 R_2}{R_1 + R_2} + R_3 + R_4} \tag{4-1}$$

考察该电路方程可知，各器件的灵敏度的方向为：R_1（－）、R_2（＋）、R_3（－）、R_4（＋）、V_1（＋）、V_2（＋）。

（2）最坏情况分析

根据灵敏度分析结果，有以下两种参数组合，使电路性能为最坏情况最大值、最小值：

1）$R_{1极小}$、$R_{2极大}$、$R_{3极小}$、$R_{4极大}$、$V_{1极大}$、$V_{2极大}$ ——取最坏情况最大值；

2）$R_{1极大}$、$R_{2极小}$、$R_{3极大}$、$R_{4极小}$、$V_{1极小}$、$V_{2极小}$ ——取最坏情况最小值。

根据表 4-15 的数据将 1）、2）两种情况分别代入式（4-1）中，可得：

$$V_{o最坏情况最大} = +11.11 \text{ V}$$

$$V_{o最坏情况最小} = +8.21 \text{ V}$$

4.3.3　老化因素

对于 A/D 转换电路、比较器、高精度运放、电压调制器等常用模拟集成电路，老化是开展最坏情况分析必须要考虑的因素之一。老化引起的参数变化涉及所有的无源器件和有源器件，并且其影响呈时间和温度的函数（有源器件是结温，无源器件是壳温）。老化对各个类型器件的影响不同，可以从器件规范、老化试验和最坏情况参数数据库中获取变化数据。

相同持续时间下，根据数据库中的假定温度和器件最高工作温度进行老化数据外推老化数据的阿伦尼乌斯公式，详见本书式（3-1）。可以采用其他合理的方法进行外推。

一些典型的激活能参见表 3-1。计算实例一并参见本书该部分内容，此处不再赘述。

4.3.4　辐照因素

应用于空间环境的电子系统，其物理信号的放大、滤波、转换等环节基本都要通过运算放大器、比较器、稳压器及 AD-DA 转换器等分立或集成器件实现。工作在空间辐射环境下的模拟电路，必然受到各种辐射形式的损伤，引起参数漂移、功能退化，进而影响所在单机、分系统乃至整个系统的可靠性。空间带电粒子对模拟电子器件产生的影响复杂多样，如电离总剂量效应、单粒子效应等典型的辐射损伤效应等，均会对在轨运行航天器电子系统的可靠性造成严重威胁。

在开展最坏情况分析时，需要根据辐照因素类型对其损伤模式进行分析。按照损伤影响的持续特征，可以把辐照效应形成的损伤故障分为瞬时损伤故障和持续损伤故障。

瞬时损伤故障主要是指单粒子瞬态，其形成的瞬时输出脉冲随系统的运行可以自动消除，仅在发生单粒子瞬态时刻，影响系统的可靠性，之后对电子系统的工作不会形成太大影响。

持续损伤故障是由于电离总剂量效应引起的电参数持续变差及功能退化引起的系统无法恢复的损伤，如运算放大器和比较器的偏置电流、输入失调电流、失调电压、共模抑制比等。这些损伤轻则影响电路工作的可靠性，重则直接导致系统任务失败，且不能通过简单的冗余设计来解决其对模拟电路可靠性的影响。电离损伤是空间飞行器电子器件最主要的损伤模式，占空间辐射损伤的 85% 以上。因此，在开展最坏情况分析时，尤其是对于长寿命空间电子产品而言，需要重点考虑电离总剂量效应。

目前，模拟电路最坏情况分析的辐照数据来源，主要基于地面试验数据和空间在轨数据。航天器运行轨道不同，其面临的空间辐射环境也不同，因此在开展最坏情况分析之前，应确定产品所在运行轨道的辐射量级；其次，通过地面模拟试验等手段，获取模拟器件在不同辐射量级下的性能退化参数并拟合成曲线。最后，根据产品所处的辐射量级，确定模拟器件的参数变化值，进行最坏情况分析的计算，整个分析流程如图 4-4 所示。

以比较器 LM139 的分析为例。当辐照总剂量增加时，电压比较器的输入偏置电流也在不断增大，进而引起电路性能变差。电压比较器的输入偏置电流在不同剂量率及空间飞行环境下的损伤变化规律如图 4-5 所示。另外，在相同总剂量条件下，随辐照剂量率的减小，偏置电流变化量增大。这证明了辐照剂量率对模拟电路的电离总剂量辐射效应具有很大影响，且对比空间飞行试验数据发现，其与实验室条件 0.01 rad(Si)/s 下的损伤相

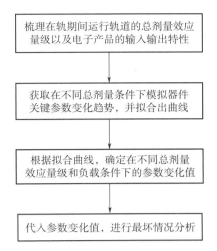

图 4 - 4　考虑辐照因素的模拟电路最坏情况分析流程

当。近 20 年的研究发现，多种双极模拟电路均具有与图 4 - 6 相似的损伤变化：在空间低剂量率下的损伤比相同条件下的高剂量率下的损伤大，表现出低剂量率损伤增强效应。因此，在空间低剂量率［平均剂量率约为 0.27 mrad(Si)/s］环境中应用时，应选择适当的剂量率进行评估，避免高估模拟电路的抗辐射能力，以保证其在空间飞行任务中的可靠性。

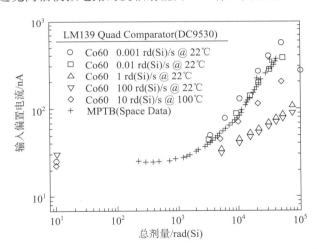

图 4 - 5　比较器 LM139 输入偏置电流的空间飞行数据与地面测试数据对比

（数据来源于 LM139 数据手册及厂商测试数据）

对于稳压器及电压基准，其输出电压、开启电压、最大负载电流等参数在电离总剂量作用下均会发生变化。图 4 - 6 所示为一种低压差线性稳压器在不同负载条件下的辐射损伤模式。随电离总剂量的增加，各种条件下最大负载电流均在减小；但辐照偏置条件不同，其最大负载电流的退化量也不同。这说明辐照偏置条件对电离损伤具有较大影响，而且表示所有引脚接地状态的标示"no load"条件下的损伤更大。这也说明空间系统的冷备份不能提高系统在电离总剂量下的可靠性。

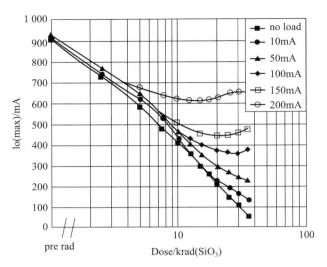

图 4 - 6　负载条件对电离总剂量辐射损伤的影响

（数据来源于 LM139 数据手册及厂商测试数据）

　　电离辐射引起电参数的变化，直接影响到模拟电路应用中的功能响应。模拟电路的不同应用模式，其功能可能也不相同。图 4 - 7 所示为电压比较器在设定为过零比较器时，在不同总剂量下功能的变化。由于器件失调电压和偏置电流的增加，导致过零比较器的输入输出曲线右移；随着电路内部晶体管增益的减小，比较器的线性区增大，导致在较大输入电压范围内，输出结果可能无法被后续电路识别；而且，输出低电平也随总剂量的增加而升高，甚至超出后端数模混合电路接口的噪声容限值，导致比较器的功能失效。

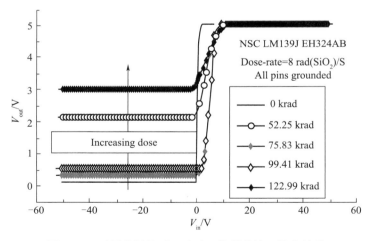

图 4 - 7　不同总剂量下，过零比较器的输入输出特性

（数据来源于 LM139 数据手册及厂商测试数据）

4.4　模拟电路最坏情况分析示例

本节将以一个典型的电源控制器主误差放大（Main Error Amplifier，MEA）电路为示例具体说明模拟电路最坏情况分析的开展过程。

4.4.1　电路功能介绍

MEA 电路原理图如图 4 - 8 所示。该电路的主要功能是完成对母线误差电压的放大、积分，保证在稳态和瞬态情况下把母线调整在要求的范围内。MEA 采用三域控制，其输出电压统一控制分流调节电流、蓄电池充电电路和蓄电池放电电路，确保母线电压的稳定。

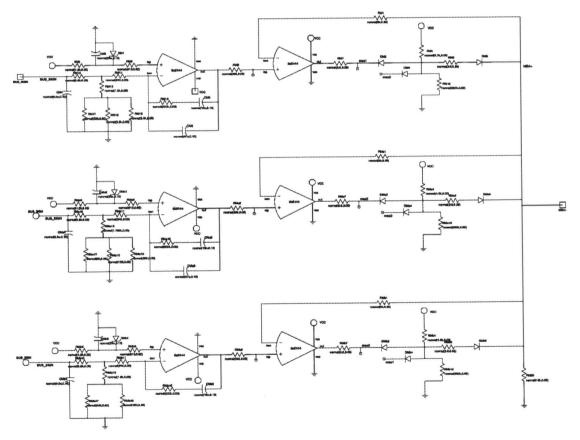

图 4 - 8　MEA 电路原理图

4.4.2　电路设计要求

主 MEA 电路输入基准为 6.4 V，经比例积分后输出给后级电路。主 MEA 电路的输出范围为 3～21 V；分流 MEA 电路为比例电路，放大倍数为 2，输入基准为 12.5 V，输出范围为 5～20 V；充电 MEA 电路为比例电路，放大倍数为 2，输入基准为 9.5 V，输出范围为 1～6 V。

4.4.3　仿真分析过程

根据本电路特点以及与电路设计人员交流的结果，可采用蒙特卡洛法对该电路进行最坏情况分析。选定 MEA、SR＋和 BCR＋等关键输出信号作为灵敏度分析的测量依据，采用设计要求给定的电阻、电容额定参数作为应力分析的依据，设计要求中未给出的器件额定值以数据手册为依据。最坏情况分析过程如下。

（1）建立仿真电路图

根据设计图及元器件的设计参数，在仿真平台下建立的仿真电路图。

（2）标况下的常态分析

分流 MEA 电路为比例输出，输入基准电压为 12.5V，输入信号为主 MEA 电路的输出信号。分流 MEA 电路在标况下的输入与输出电压波形如图 4－9 所示。

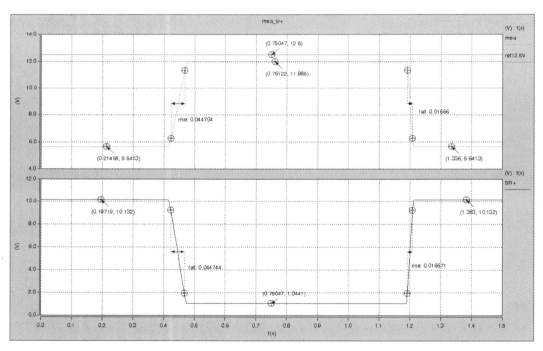

图 4－9　分流 MEA 电路的输入与输出电压波形

（3）MEA 电路的应力分析

MEA 电路中的晶体管按照 I 级降额设计，降额因子为 0.5（参考 GJB/Z 35－93《元器件降额准则》）。通过对电路中的晶体管的应力分析结果进行汇总，取应力值在 50％以上的器件应力，如表 4－16 所示。

表 4 - 16　应力分析结果表

器件位号	应力参数	额定值	实际最大应力值	应力比
3cg110c. vl001	V_{ebmax}	5 V	10.9	219
3cg110c. vl002	V_{ebmax}	5 V	10.9	219
3cg110c. vl003	V_{ebmax}	5 V	10.9	219

由应力分析结果可以看出，三极管 3CG110C 的发射极、基极的最大反相电压的额定值为 5V，而仿真中最大值达到了 10.9V，应力为 219%，属于过应力的情况。

（4）MEA 电路的最坏情况分析

分流 MEA 电路电压信号 SR＋的蒙特卡罗分析结果如图 4 - 10 所示。

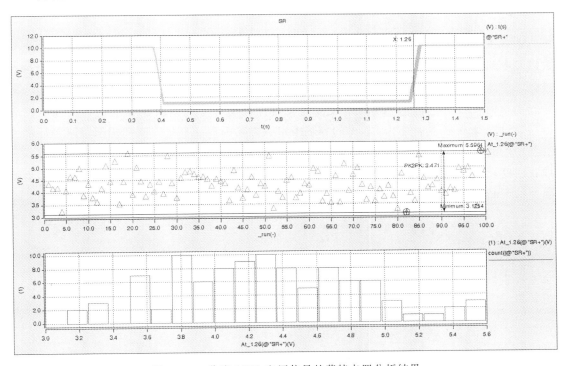

图 4 - 10　分流 MEA 电压信号的蒙特卡罗分析结果

由分流 MEA 电压信号蒙特卡罗分析的测量结果可以看出，在 SR＋信号动态变化过程中，由于变化快慢的不同，导致 SR＋信号的变化范围最大为 2.471 V，而分流调节电路的分流级数为 0.6 V 一级，因此在动态变化过程中，会出现分流级数异常跳变的情况，需要进行设计改进。

4.4.4　分析结论

分析过程发现的问题汇总如下：

1）母线电压动态变化过程中，由于器件参数的漂移，引起主 MEA 电路积分环节响应速度发生变化，可能导致分流级数异常跳变的现象；

2) 三极管 3DG110C 的发射极、基极最大反向电压 V_{cemax} 出现过应力情况。

4.4.5　复核验证

通过对 MEA 电路进行试验验证，证实了"分流级数异常跳变"和"元器件过应力"等问题在极端情况下确实存在。设计人员针对上述问题，对电路指标要求进行反复权衡考量，在保证电路输出的静态误差不超标的前提下，采用比例环节替换了原有的比例积分环节，进一步提高了电路的响应速度；同时，在器件采购环节提高了元器件的质量等级，有效地避免了上述问题的发生。

4.5　本章小结

本章围绕模拟电路最坏情况分析的关注点，介绍了器件级和模块级的主要关键性能参数以及电路性能关键影响因素，对温度、老化和辐照等外界因素影响电路性能变化的过程进行了简要介绍，并给出了参考示例。

本章内容可指导电子产品设计人员开展器件层面和功能模块层面的最坏情况电路分析。通过充分考虑产品使用过程中的容差因素、温度因素、老化因素和辐照因素等环境影响，在产品设计阶段开展针对性的仿真计算分析，可以充分暴露产品由于器件选用不合理、裕度设计不足等设计问题，进而开展针对性的设计改进，有效提高产品在极端恶劣情况下的产品可靠性和电学性能。

第 5 章　数字电路最坏情况分析

5.1　引言

对数字电路进行最坏情况分析是确保产品在极限条件下能执行其功能的必要手段，通过对项目工作原理进行分析，可以找到在项目测试时可能发现不了的设计问题。在系统实际运行时，时序误差、接口匹配以及一些其他的设计问题，有时只在特定的极限工作条件下才能暴露出来，如高低温环境、老化、辐照以及其他在测试时未考虑到的情况，这时就需要用到数字电路的最坏情况分析技术。

数字系统可以包括一个或多个功能组合，如输入/输出（逻辑），时序和控制逻辑，缓冲器和存储器逻辑。按照设计要求，可把这些功能进一步分成子功能来说明，如RAM 时序、接口时序/控制等。为了分析电路方便，首先需要把原理图分解成功能块，一旦电路简化为功能块，那么，每个功能块就可作为独立电路分析。时序、逻辑与软件密切相关，分析时结合相关软件进行。时序上的偏差，通常可能会造成系统问题，分析时尤需关注。

一旦确定系统功能，在分析时，分析者必须明确功能模块的技术要求。一般而言，技术要求就是对电路关键性能参数进行要求。举一个典型的例子，一个具有标称数值和范围的时序信号的技术要求，包括输入信号的脉冲宽度、极性、信号时序关系等。例如，信号A：(10 ± 1) μs。这种技术要求，不但适用通用逻辑功能分析，而且也适用于最坏情况分析。另外，对于系统的软件（程序）方面的要求，也应该包含在技术要求中。

在明确待分析电路的分析范围和技术指标后，需要根据数字系统的具体特点和使用条件，确定最坏情况分析的工作项目和边界约束。比如高频的数字电路，就需要重点考虑门电路的自身分布电容和负载电容可能造成的影响；对于空间数字系统，需要重点考虑辐照因素可能造成的影响。

在进行数字电路最坏情况分析之前，需要对电路在正常状态下的逻辑功能进行分析，在满足设计指标的情况下，对所分析数字电路进行最坏情况分析，如果不满足要求，需要重新设计电路，直到满足技术指标为止。

数字电路最坏情况分析流程图如图 5-1 所示。

通常，可直截了当地分析数字电路，但是由于不是有不良的设计，就是有不良的布线存在，使分析电路存在困难。为了使分析电路的工作易于管理，具有准确和明白的结果，本章对数字电路最坏情况分析的关键性能参数、分析要点以及分析方法进行说明。

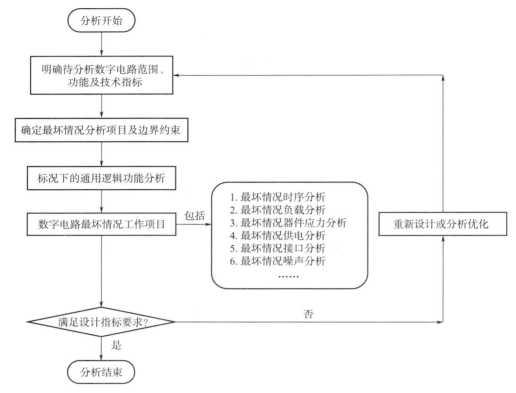

图 5-1　数字电路最坏情况分析流程图

5.2　数字电路关键性能参数

数字电路按照功能，可分为组合逻辑电路和时序逻辑电路。在进行最坏情况分析时，对于组合逻辑电路，分析人员需要关注的性能参数如下。

（1）输入端负载特性

在具体使用门电路时，有时需要在输入端与地之间或者输入端与信号的低电平之间接入电阻，输入电压随输入端接入电阻变化的特性，称为输入端负载特性。

（2）输入端噪声容限

在保证输出高、低电平基本不变（变化的大小不超过规定的允许限度）的条件下，允许输入信号的高、低电平有一个波动范围，这个范围称为输入端的噪声容限。

（3）交流噪声容限

由于负载电容和门电路自身分布电容的存在，输入信号状态变化时必须有足够的变化幅度和变化时间才能使输出改变状态。当输入噪声信号为窄脉冲，而且脉冲宽度接近于门电路传输延迟时间的情况下，能使输出状态改变的脉冲电压范围，称为交流噪声容限。交流噪声容限远高于直流噪声容限，传输延迟时间越长，噪声电压的作用时间越短，电源电压越高，交流噪声容限越大。

（4）传输延迟时间

由于门电路寄生电容和负载电容的存在，当输入信号发生跳变时，输出电压的变化必然滞后于输入电压的变化。从输入信号到达起，到输出端新状态稳定地建立起来为止，所经过的这段时间称为传输延迟时间（输出电压变化落后于输入电压变化的时间），将输出由高电平跳变为低电平时的传输延迟时间记作 t_{PHL}，将输出由低电平跳变为高电平的传输延迟时间记作 t_{PLH}。

（5）动态功耗

数字电路从一种稳定工作状态突然转变到另一种稳定状态的过程中，产生的附加功耗，称为动态功耗。

对于时序逻辑电路，除上述性能参数外，在进行最坏情况分析时，分析人员还需要关注的性能参数如下。

（1）输入信号宽度

输入信号宽度是指输入高电平或者低电平的持续时间，考虑到门电路存在传输延迟时间，为保证锁存器或者触发器可靠地翻转，必须等到输出端的状态反馈到输入端后，输入端的信号才能消失，一般地，输入信号宽度需不小于这段时间。

（2）建立时间

建立时间是指输入信号先于时钟信号（记作 CLK）动作沿到达的时间，记作 t_{SU}。

（3）保持时间

保持时间是指 CLK 下降沿到达后输入信号仍需要保持不变的时间，记作 t_{HOLD}。

（4）最高时钟频率

由于数字电路存在传输延迟时间，CLK 信号的高低电平最小持续时间需要大于数字电路的传输延迟时间，对应系统所允许的最高时钟频率，记作 f_{max}。

5.3　数字电路最坏情况分析内容

为了证明产品在使用期间具有完成期望功能的能力，需要对电路进行最坏情况分析。在对数字电路进行最坏情况分析时，需要考虑的主要内容如下。

（1）器件参数和降额

数据手册上的参数通常和器件实际使用的工作环境不一致，每一个参数都需要降低额定值使用，以补偿实际工作环境的差异对器件参数产生的影响（如温度、老化、辐照、外部输入信号的偏差等），从而提高系统可靠性。当驱动大容量的负载时，应该提供超出负载容量的降额设计。这些关键参数的信息组成了 WCCA 分析执行的数据库。

（2）时序分析

一个完整的时序分析需要对电路中所有和时钟信号相关的器件信号进行分析。

1）明确输入端信号的建立时间和保持时间，包括数据输入端、同步设置端、清零端、使能端，以及任何指定了的建立和保持时间的输入端。

2）明确信号的脉冲宽度，包括时钟、异步置位、清零、负载输入以及任何指定了脉冲宽度的输入端信号。

3）明确置位和清零恢复时间，该恢复时间是从一个异步置位或清零的释放到下一个时钟边缘的时间间隔。

另外，在系统稳态和暂态转换期间，所有时钟信号输入和异步输入，如置位、清零和负载，都必须处在稳定的状态。

（3）门电路带载能力

这项分析需确认没有门电路驱动的负载超出其自身的驱动能力。在极端情况下，大的输出驱动电流会影响输出电压等级和传输延迟时间，会引起温度问题导致器件损坏。

（4）接口分析

接口分析必须明确所有的门电路自身输入逻辑电平阈值与实际得到的输入端电压相匹配。对于属于同一系列的门电路，并假设没有特殊负载，那么这项分析也许是多余的。然而，对于不同系列，或者数字和模拟混合的电路接口，就需要对不同种类的接口特性进行分析，例如 CMOS 和非 CMOS 的接口，供电端变化的输入电压，随时间变化的系统输入，驱动 TTL 和 CMOS 混合负载等接口。随着接口阈值电压的降低，系统对噪声更加敏感，并且执行器件也会受到影响。

（5）系统状态转换

系统的每一个状态及各状态之间的转换都需要分析，以确保不会出现非期望的行为，如系统出现死锁。

（6）异步接口分析

异步接口是锁存器和触发器接收的许多输入信号的建立时间和保持时间不能被保证同步的接口。一个例子是数据在某一个时钟周期生成，而在另一个时钟周期传输到了触发器，这两个时钟没有同步，即使它们有相同的频率。这项分析需要明确异步信号在合适的时钟周期到达了执行器件，或者电路即使输入信号的建立时间和保持时间不匹配，也不会影响正确功能的执行。

（7）复位的条件和产生

在复位的时候，所有器件的电路状态需处于一个已知的状态。复位信号的脉冲宽度要长于复位端口指定的最长复位脉宽。通常，复位会当作时序电路的一个异步输入，并且复位设备应当和时钟同步。

（8）器件安全性使用分析

这项分析必须保证电路进行防止器件损坏的设计。器件的损坏可能是由于没有采取静电释放敏感器件防护措施，允许不相容系列的器件连接，或者是没有按照器件的其他要求进行使用。

（9）冗余模块间的交叉共用信号

错误的隔离可能导致交叉共用信号背离设计的本意。分析必须保证模块间的隔离措施正确有效。

（10）模块间的互相连接

这项分析需要明确电路模块之间的接口要求是匹配的，同时还要考虑信号的质量受边缘效应、负载和噪声的影响。这部分关注的分析要点包括器件和电路板的连接、电路板之间的连接以及电路和其他配套模块的连接。

（11）旁路电容分析

这项分析是要保证电路中使用的主体和旁路电容的正确性，该分析考虑到电源线电感、电路运行频率、器件电流要求等。电容器的选择基于自身的频率响应必须正确。

5.4　数字电路最坏情况分析方法

本节重点对数字电路的通用逻辑分析、最坏情况时序分析和最坏情况负载分析的方法进行说明，在进行其他分析时，可以采用相似的分析方法。

5.4.1　通用逻辑分析

数字电路是用数字信号完成对数字量进行算术运算和逻辑运算的电路，数字电路主要的研究对象是电路的输出与输入之间的逻辑关系，因而在对数字电路进行分析时，不能采用模拟电路的分析方法。由于数字电路中的器件主要工作在开关状态，因而采用的分析工具主要是逻辑代数，用功能表、真值表、逻辑表、波形图等来表达电路的主要功能。

这部分讨论各种需要考虑的逻辑状况，不考虑技术的使用情况。在对设计项目进行逻辑分析时，分析者需重点关注逻辑分析技术和逻辑设计缺陷。

（1）有限状态控制

许多数字设计包含执行分离功能的状态设计，通常用来控制数据流程，或控制外部接口，或需要操作特殊系统的独特控制功能。状态设计分类复杂，包括从简单 RAM 控制器到微处理器这样复杂的系统。在分析系统状态的设计，进行时序分析之前，应当分析状态设置是否完成所需要的功能。

图 5-2 所示的简单数字电路为状态控制分析的例子。首先，根据电路逻辑生成一个状态转换表，如表 5-1 所示，然后，根据此表，画出状态转换图，用图解来表示状态转换。这样，我们就有能力识别引起电路故障的状态条件，参看图 5-3，图中有这样的状态，一条电路有进入路径，而没有返回的路径。那么可以认为，要么是该电路需要这个状态，但设计师忘了设计返回路径，要么是不需要这个状态，必须把这个状态去掉。

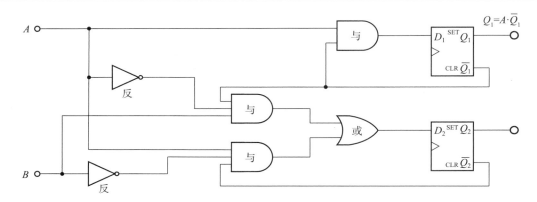

图 5-2　某简单数字电路

表 5-1　状态转换表

当前状态				下一个状态	
A	B	Q_2	Q_1	Q_2	Q_1
0	0	0	0	0	0
0	0	0	1	0	0
0	0	1	0	0	0
0	0	1	1	0	0
0	1	0	0	1	0
0	1	0	1	0	0
0	1	1	0	1	0
0	1	1	1	0	0
1	0	0	0	1	1
1	0	0	1	1	0
1	0	1	0	0	1
1	0	1	1	0	0
1	1	0	0	0	1
1	1	0	1	0	0
1	1	1	0	0	1
1	1	1	1	0	0

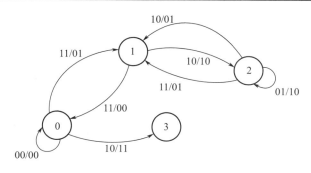

图 5-3　状态转换图

这种分析方法适合于简单系统，更复杂的系统功能需计算机辅助分析，一旦该电路的功能证明是正确的，那么时序分析就完成了。

（2）时序考虑

这部分我们关心的是不正确的时序可能引起器件的运行错误，具体说，应当重点考虑触发器工作，并且研究到达触发器输入端的信号是如何影响输出端的。

触发器应用的通常错误是：时钟传送期间，如果数据输入不稳定，触发器可能不改变状态，但是在下一个时钟传送时，将使正常的状态改变，实际上，这不是期望发生的状况。如果器件的上升和保持时间不满足要求，则触发器的输出响应是不确定的。当前还没有能100％保证响应良好的电路，这就是为什么器件制造厂不保证它运行的原因。暂稳态定义为一种时间周期，这个状态是数字器件的输出不是逻辑电平 1（电压小于2 V，TTL）或逻辑电平 0（电压大于 0.8 V，TTL），而是逻辑 1 和逻辑 0 之间的状态。对于特殊触发器的暂稳态特性将检测该器件在暂稳态范围内停留多长时间。此概念表示在图 5-4 中。按此规则，触发器越快（即窄的脉冲建立和保持时间），它的暂稳态特性就越好。

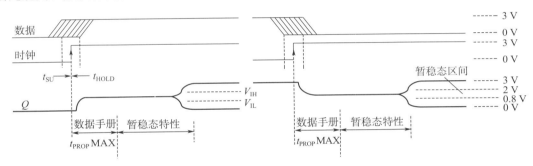

图 5-4 暂稳态时序图

（3）公共逻辑故障

这一部分指出的逻辑故障，代表了在许多逻辑设计中发现的共同错误，在最坏情况分析完成前，所给出的设计应当检查这些故障。在最坏情况分析中，某些情况下，这些故障可能使系统满足其技术要求。虽然如此，在分析系统时应当检查系统是否满足这些条件。

①干扰信号

用最简化逻辑来说明容易识别的失效条件。弄清楚器件延时如何影响逻辑的原因后，这些失效是可以避免的，这一节说明如何识别和修正失效条件。组合逻辑电路在输出端易产生干扰信号，输出端暂时呈现过渡状态，出现电流或电压尖峰信号。如果一个真逻辑信号输入到器件的一端，而它的补码输入到另一端，可能存在干扰信号，所以，冗余技术必须附加到电路上，以消除失真条件，以下举例说明为什么能消除失真干扰信号。

考虑逻辑已经简化为两小项的情况：

$$Y = A\bar{C} + BC$$

如果 A 和 B 都是真，C 改变状态，两端暂时为假，引起失真条件。这是因为 C 和 $\bar{C}$ 之间相反，有延时差，我们看 C 和 $\bar{C}$ 暂时为 0 的状态，在输出端引起干扰信号，如图 5-5 所示。

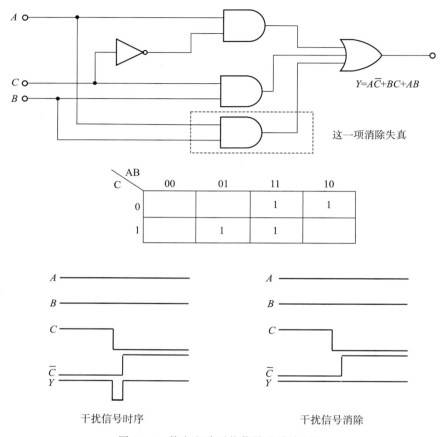

图 5-5　数字电路干扰信号及消除方法

能解决这一问题的方法可借用第三端小项 AB ，使电路在信号转换期间保持输出稳定，从卡诺图中，可见到仅仅是简单地把冗余技术引入到逻辑电路。

所以，加一个乘积项可以消除干扰信号，该乘积项包含既无真码又无补充输入的所有元件。

这个例子仅为了说明而已，工程分析中，应当结合工程实际，考虑所采取的方法是否有效且符合实际。比如，如果上述例子中，在消除 C 项的干扰时，同时也消除了其作用力度，需仔细考虑。

②时钟分配

经过同步系统分配的全部时钟信号，对正常系统运行起着关键作用，不正确的时钟分配可能把良好的同步设计变成临界的非同步设计。

分析图 5-6 中的同步系统。$F_1 \sim F_5$ 是含有要求单独时钟驱动的复杂逻辑功能。注意到时钟是通过系统的雏菊型链式电路，这种技术引起的时钟延时，可能加到 F_5 的数据输入端时，不再是同步信号，产生错误的操作。当累加的延时越接近时钟周期时，就越接近临界状态。

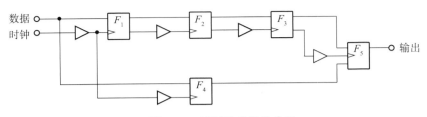

图 5 - 6　不正确的时钟分配

对这种情况的补救是采用并行时钟分配，如图 5 - 7 所示。用这种方法，所涉及的相关的延时最小，保持了同步操作。

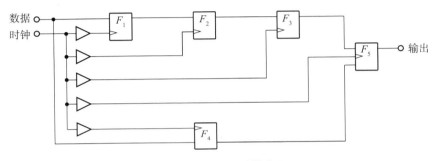

图 5 - 7　正确的时钟分配

多路时钟分配如图 5 - 8 所示。只要时钟同步产生，这个技术确保以最小的延时分配全部系统时钟。

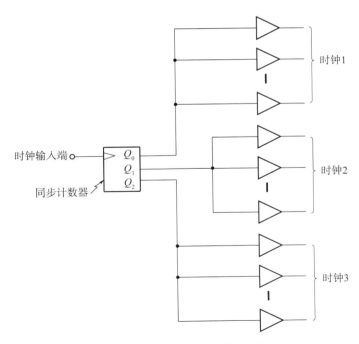

图 5 - 8　多路时钟分配

5.4.2　最坏情况时序分析

（1）确定典型属性

当进行数字时序分析时，受分析的电路和元件已经确定，而不管是输入还是控制信号都具有正常的关系，这样，就保持了相应电路或器件的行为是可控的。为了确定这一行为，需要说明输入信号与特定电路参数的关系。这种说明以等式形式表示，该等式表述了初始信号与相应的器件延时一起，与所分析的电路参数的关系。这种说明称为属性分析。

举一个例子，图5-9中有两个信号：A和B，经过延迟T_a和T_b，分别到达触发器的D端和时钟输入端。

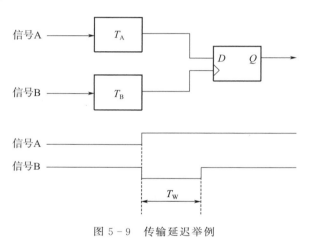

图5-9　传输延迟举例

在这个例子中，我们希望判明信号A到达D输入端与B信号到触发器时钟信号端是否合拍，因此所要求的属性为

$$T_a < T_w + T_b - t_{SU}$$

换句话说，"信号A的延时＋触发器建立时间"必须小于"信号B的脉冲宽度＋信号B的延时"，这样，器件的置位时间不会被扰乱，如此定义触发器输入端的信号关系是必要的，但用于最坏情况时序分析时，是不充分的。

进行最坏情况时序分析，需要取合适的电路传输延迟，记录它们的极限值（最大值或最小值），参考上述例子，表达为：

$$T_{amax} < T_{wmin} + T_{bmin} - t_{SU}$$

上述情况说明，如果信号A的延迟时间取最大值，而信号B的延迟时间取最小值（信号A的前沿接近信号B的后沿），触发器的置位时间不会被扰乱，那么，在信号A和信号B延时的最坏情况范围内，电路将正常地完成期望功能。如果这种属性不被满足，则可能引起的故障：不是信号A在逻辑"1"状态无时钟进入触发器，就是触发器的输出处于不确定状态。

（2）极限值分析（EVA）与平方和的平方根分析（RSS）

可以用不同方法，以各种程度的保守性和统计有效性，进行最坏情况分析，以确定最坏情况值。本节讨论将两种方法应用于数字电路的最坏情况时序分析。

1）EVA 分析电路工作在极值时的情况。EVA 假定，在分析时电路全部器件在同一时间内，以最大值或最小值运行，例如，如果分析由许多器件组成的特定信号路径的最大延迟，那么，就假设这个电路的全部器件是最大值。实际上，这是统计上不大可能的事件（尤其是器件受相同环境影响和在同一块电路板上时），但此结果是很保守的。EVA 在设计阶段最有用处，因此，满足 EVA 要求的电路，将在所有的环境条件约束下，在保守的极限范围内进行设计。

2）EVA 应用于军事和空间技术电路时，增加了超出制造厂技术说明书上的最小值和最大值范围，典型情况下，制造厂规定了在 25 ℃ 和额定电压下的传输延迟值，军事和空间应用通常要求扩大温度范围、老化时间和辐射效应，还有，多数制造厂只规定说明了额定的和最大的传输延迟值，因此，最为完整的最坏情况分析必须产生最小的传输延迟值（通常，假设有关典型值具有对称性）。图 5-10 给出了一个简单的电路原理图，表 5-2 表示了所用到相关器件的数据库，图 5-11 给出了 EVA 的应用。

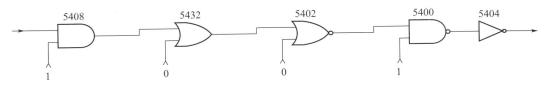

图 5-10　最坏情况时序分析应用举例

表 5-2　最坏情况时序分析应用数据库

单位：ns

器件的传输延迟项	厂商技术手册典型值（Mfg. typ）	厂商技术手册最大值（Mfg. max）	最坏情况最小值（W. C. min）	最坏情况典型值（W. C. typ）	最坏情况最大值（W. C. max）
$t_{PLH5408}$	17.5	27	8	17.5	33.8
$t_{PHL5408}$	12	19	5	12	23.8
$t_{PLH5432}$	10	15	5	10	18.8
$t_{PHL5432}$	14	22	6	14	27.5
$t_{PLH5402}$	12	22	2	12	27.5
$t_{PHL5402}$	8	15	2	8	18.8
$t_{PLH5400}$	11	22	2	11	27.5
$t_{PHL5400}$	7	15	2	7	18.8
$t_{PLH5404}$	12	22	2	12	27.5
$t_{PHL5404}$	8	15	2	8	18.8

$$t_{PLH} = t_{PHL5408} + t_{PHL5432} + t_{PLH5402} + t_{PLH5400} + t_{PLH5404}$$

$$t_{PLH\ nom} = (12+14+12+7+12)\ ns = 57\ ns$$

$$t_{PLH\ min\ EVA} = (5+6+2+2+2)\ ns = 17\ ns$$

$$t_{PLH\ max\ EVA} = (23.8+27.5+27.5+18.8+27.5)\ ns = 125.1\ ns$$

$$t_{PHL} = t_{PLH5408} + t_{PLH5432} + t_{PLH5402} + t_{PLH5400} + t_{PLH5404}$$

$$t_{PHL\ nom} = (17.5+10+8+11+8)\ ns = 54.5\ ns$$

$$t_{PHL\ min\ EVA} = (8+5+2+2+2)\ ns = 19\ ns$$

$$t_{PHL\ max\ EVA} = (33.8+18.8+18.8+27.5+18.8)\ ns = 117.7\ ns$$

图 5-11　最坏情况时序分析 EVA 方法举例

平方和的平方根计算，即 RSS 统计分析方法，比 EVA 更接近可能发生的最坏情况，并不如 EVA 方法那样保守。RSS 分析以 EVA 器件数据为基础（即使用最大值和最小值），而计算则基于典型值与极限值之差的 RSS。对至少由 5 个器件组成的特定电路来说，这种方法是有效的，如果在军事/空间需求上降低了传输延迟，那么，RSS 结果仍有些保守。图 5-12 给出了 RSS 的应用情况。

$$t_{PLH\ nom} = 57 ns$$

$$t_{PLH\ min\ RSS} = t_{PLH\ nom} - [\Sigma \Delta t^2]^{1/2}；\quad \Delta t = typ - W.C.\ min$$

$$= 57\ ns - [(12-5)^2 + (14-6)^2 + (12-2)^2 + (7-2)^2 + (12-2)^2]^{1/2}\ ns$$

$$= 57\ ns - 338^{1/2}\ ns = 38.6\ ns$$

$$t_{PLH\ max\ RSS} = t_{PLH\ nom} + [\Sigma \Delta t^2]^{1/2}；\quad \Delta t = W.C.\ max - typ$$

$$= 57\ ns + [(23.8-12)^2 + (27.5-14)^2 + (27.5-12)^2 + (18.8-7)^2 + (27.5-12)^2]^{1/2}\ ns$$

$$= 57\ ns + 941.3^{1/2}\ ns = 87.7\ ns$$

$$t_{PHL\ nom} = 54.5\ ns$$

$$t_{PHL\ min\ RSS} = 54.5\ ns - [(17.5-8)^2 + (10-5)^2 + (8-2)^2 + (11-2)^2 + (8-2)^2]^{1/2}\ ns$$

$$= 54.5\ ns - 268.3^{1/2}\ ns = 38.1\ ns$$

$$t_{PHL\ max\ RSS} = 54.5\ ns + [(33.8-17.5)^2 + (18.8-10)^2 + (18.8-8)^2 + (27.5-11)^2 + (18.8-8)^2]^{1/2}\ ns$$

$$= 54.5\ ns + 848.7^{1/2}\ ns = 83.6\ ns$$

图 5-12　最坏情况时序分析 RSS 方法举例

（3）最坏情况时序分析举例

图 5-13 表示串行时钟数据从 4 位移位寄存器传送到触发器的通用功能。表 5-3 表示图 5-13 示例的数据库。

分析：需证明在传送时钟的上升沿，输入数据到触发器输入端的正确数据位是有效的。对于正常电路工作，必须满足如下条件：

属性 1. $t_{PLH\ data\ max} - t_{PLH\ clock\ min} < 0.5 T_{clock} - t_{SU}$

属性 2. $t_{PHL\ data\ max} - t_{PLH\ clock\ min} < 0.5 T_{clock} - t_{SU}$

换句话说，数据与时钟的延迟时间必须小于半个时钟周期，而且，至少在时钟沿到达前的保持时间内数据必须有效（即有效数据）。这种情况如有故障出现，那就意味着最后一位数据可能没有被时钟送入触发器（即不正确的数据）。

属性 3. $t_{PLH\ clock\ max} - t_{PLH\ data\ min} < 0.5 T_{clock} - t_{HOLD}$

属性 4. $t_{PLH\ clock\ max} - t_{PHL\ data\ min} < 0.5 T_{clock} - t_{HOLD}$

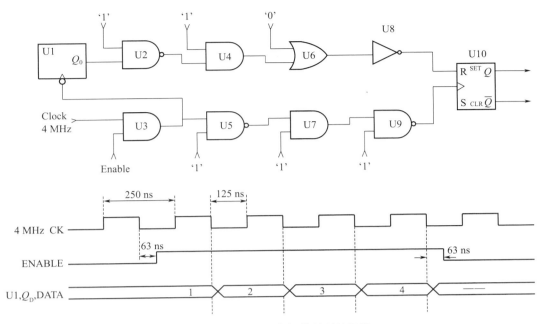

图 5 - 13　串行时钟数据传送到触发器

表 5 - 3　触发器示例的数据库

单位：ns

器件的传输延迟项	厂商技术手册最小值（Mfg. min）	厂商技术手册典型值（Mfg. typ）	厂商技术手册最大值（Mfg. max）	最坏情况最小值（W. C. min）	最坏情况典型值（W. C. typ）	最坏情况最大值（W. C. max）
t_{PLH} CK-Q U1；LS95	—	18	27	9	18	33.8
t_{PHL} CK-Q U1；LS95	—	21	32	10	21	40
t_{PLH} U2、U5、U9；LS00	—	9	15	3	9	18.8
t_{PHL} U2、U5、U9；LS00	—	10	15	5	10	18.8
t_{PLH} U3、U4、U7；LS08	—	8	15	2	8	18.8
t_{PHL} U3、U4、U7；LS08	—	10	20	2	10	25
t_{PLH} U6；LS32	—	14	22	6	14	27.5
t_{PHL} U6；LS32	—	14	22	6	14	27.5
t_{PLH} U8；LS04	—	9	15	3	9	18.8
t_{PHL} U8；LS04	—	10	15	5	10	18.8
t_{SU} U10；LS74	—	20	21	19	20	26
t_{HOLD} U10；LS74	—	4	5	3	4	6

W. C. min＝typ－（Mfg. max－typ）＝2 typ－Mfg. max.

如果，W. C. min＜2 ns，则 W. C. min＝2 ns

W. C. max＝1. 25 Mfg. max

那就是说，时钟与数据的延迟时间必须小于半个时钟周期，而且，至少在时钟沿到达后的保持时间内，数据必须有效（即有效数据）。这种情况如有故障出现，那就意味着第二位数据可能没有被时钟送入触发器（即不正确的数据）。

这里有必要指出，时钟延迟问题常会引起系统性问题，在分析时，除了注意电路设计者面对的问题，也应关注是否会造成系统层面的问题。

以下分析数据来源表 6-3 触发器示例的数据库。

$$t_{\text{PLH data}} = t_{\text{PHL U3}} + t_{\text{PLH U1}} + t_{\text{PLH U2}} + t_{\text{PHL U4}} + t_{\text{PHL U6}} + t_{\text{PHL U8}}$$

$$t_{\text{PLH data nom}} = (10+18+10+10+14+9)\ \text{ns} = 71\ \text{ns}$$

$$t_{\text{PLH data min worst case}} = (2+9+5+2+6+3)\ \text{ns} = 27\ \text{ns}$$

$$t_{\text{PLH data max worst case}} = (25+33.8+18.8+25+27.5+18.8)\ \text{ns} = 148.9\ \text{ns}$$

$$t_{\text{PHL data}} = t_{\text{PHL U3}} + t_{\text{PHL U1}} + t_{\text{PHL U2}} + t_{\text{PHL U4}} + t_{\text{PHL U6}} + t_{\text{PHL U8}}$$

$$t_{\text{PHL data nom}} = (10+21+9+8+14+10)\ \text{ns} = 72\ \text{ns}$$

$$t_{\text{PHL data min worst case}} = (2+10+3+2+6+5)\ \text{ns} = 28\ \text{ns}$$

$$t_{\text{PHL data max worst case}} = (25+40+18.8+18.8+27.5+18.8)\ \text{ns} = 148.9\ \text{ns}$$

$$t_{\text{PLH clock}} = t_{\text{PLH U3}} + t_{\text{PHL U5}} + t_{\text{PHL U7}} + t_{\text{PLH U9}}$$

$$t_{\text{PLH clock nom}} = (8+10+10+9)\ \text{ns} = 37\ \text{ns}$$

$$t_{\text{PLH clock min worst case}} = (18.8+5+2+3)\ \text{ns} = 28.8\ \text{ns}$$

$$t_{\text{PLH clock max worst case}} = (2+18.8+25+18.8)\ \text{ns} = 64.6\ \text{ns}$$

$$t_{\text{SU}} = 20\ \text{ns}$$

$$t_{\text{SU worst case}} = 26\ \text{ns}$$

$$t_{\text{HOLD}} = 4\ \text{ns}$$

$$t_{\text{HOLD worst case}} = 6\ \text{ns}$$

$$0.5 T_{\text{clock}} = 0.5\ (1/4\ \text{MHz}) = 125\ \text{ns}$$

下面分别对属性 1~属性 4 进行额定分析和 EVA 分析。

属性 1：

额定分析：

$$t_{\text{PLH data nom}} - t_{\text{PLH clock nom}} = (71-37)\ \text{ns} = 34\ \text{ns}$$

$$0.5 T_{\text{clock}} - t_{\text{SU}} = (125-20)\ \text{ns} = 105\ \text{ns}$$

34 ns＜105 ns，额定属性以 71 ns 的容限满足要求。

EVA 分析：

$$t_{\text{PLH data max}} - t_{\text{PLH clock min}} = (148.9-28.8)\ \text{ns} = 120.1\ \text{ns}$$

$$0.5 T_{\text{clock}} - t_{\text{SU worst case}} = (125-26)\ \text{ns} = 99\ \text{ns}$$

120.1 ns≮99 ns，EVA 属性以 -21.1 ns 的容限不满足要求。

属性 2：

额定分析：

$$t_{\text{PHL data nom}} - t_{\text{PLH clock nom}} = (72-37) = 35\ \text{ns}$$

$0.5T_{clock} - t_{SU} = （125-20）$ ns$=105$ ns

35 ns<105 ns，额定属性以 70 ns 的容限满足要求。

EVA 分析：

$t_{PHL\ data\ max} - t_{PLH\ clock\ min} = （148.9-28.8）$ ns$=120.1$ ns

$0.5T_{clock} - t_{su\ worst\ case} = 99$ ns

120.1　ns$\nless 99$ ns，EVA 属性以 -21.1 ns 的容限不满足要求。

属性 3：

额定分析：

$t_{PLH\ clock\ nom} - t_{PLH\ data\ nom} = （37-71）$ ns$=-34$ ns

$0.5T_{clock} - t_{hold} = （125-4）$ ns$=121$ ns

-34 ns<121 ns，额定属性以 155 ns 的容限满足要求，等式左边负号的含义表明此属性数据滞后其相应的时钟。如果此值大于 $0.5T_{clock} - t_{SU}$，那么，可能扰乱置位时间。

EVA 分析：

$t_{PLH\ clock\ max} - t_{PLH\ data\ min} = （64.6-27）$ ns$=37.6$ ns

$0.5T_{clock} - t_{HOLD\ worst\ case} = （125-6）$ ns$=119$ ns

37.6 ns<119 ns，EVA 属性以 81.4 ns 的容限满足要求。

属性 4：

额定分析：

$t_{PLH\ clock\ nom} - t_{PHL\ data\ nom} = （37-72）$ ns$=-35$ ns

$0.5T_{clock} - t_{HOLD} = （125-4）$ ns$=121$ ns

-35 ns<121 ns，因此，额定属性以 156 ns 的容限满足要求，等式左边负号的含义表明此属性数据滞后其相应的时钟。如果此值大于 $0.5T_{clock} - t_{SU}$，那么，可能扰乱置位时间。

EVA 分析：

$t_{PLH\ clock\ max} - t_{PHL\ data\ min} = （64.6-28）$ ns$=36.6$ ns

$0.5T_{clock} - t_{HOLD\ worst\ case} = （125-6）$ ns$=119$ ns

36.6 ns<119 ns，EVA 属性以 82.4 ns 的容限满足要求。

注意：对器件 U3 来说，属性 1 和属性 2 的数据和时钟路径传输延迟最大，属性 3 和属性 4 延迟最小，由于 U3 既是数据又是时钟路径的元件，以及等式左边为最大值，这符合分析的要求。

5.4.3　最坏情况负载分析

对数字电路进行最坏情况负载分析，是为了确定驱动器件的负载是否使器件或电路的性能降低或超出技术要求。在这一部分里所采用的分析技术和评价方法是有理论依据的。

（1）TTL 电路负载分析

既可在高输出也可在低输出条件下进行 TTL 器件的最坏情况负载分析。为了评估一个器件的负载，对于给定的逻辑状态，所有负载器件的最大输入电路是代数相加的。此电流值与该驱动器件的最大输出电流相减（最大输出电流－最大输入电流）。如果结果为"负"，则说明该驱动器件的负载太大。这种情况下，可能会在负载器件输入端产生不正常的逻辑电平。在典型的最坏情况分析中，驱动器输出电流减小 80％。

当对 TTL 电路进行分析时，根据所分析器件的型号及其参数。同时确定各器件的门限，尤其是确定器件最坏情况限值（包括最大降额要求等）。对该电路进行最坏情况分析。

当然，这只是比较简单地分析器件负载情况，其中最坏情况条件在实际工程，可能会考虑得更为复杂些。

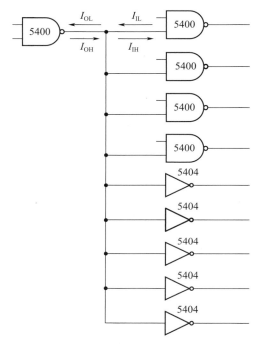

图 5-14　TTL 负载分析举例

器件技术条件：

5400 驱动	5400 负载	5404 负载
$I_{oh} = -0.4$ mA	$I_{ih} = 40$ μA	$I_{ih} = 40$ μA
$I_{ol} = 16$ mA	$I_{il} = -1.6$ mA	$I_{il} = -1.6$ mA

$I_{\text{load high}} = 4 \ (I_{\text{ih5400}}) + 5 \ (I_{\text{ih5404}})$

　　　　　$= 4 \ (40 \ \mu\text{A}) + 5 \ (40 \ \mu\text{A}) = 360 \ \mu\text{A}$

$I_{\text{load low}} = 4 \ (I_{\text{il5400}}) + 5 \ (I_{\text{il5404}})$

　　　　　$= 4 \ (1.6 \ \text{mA}) + 5 \ (1.6 \ \text{mA}) = 14.4 \ \text{mA}$

$I_{\text{margin high}} = I_{oh} - I_{\text{load high}}$

　　　　　$= 400 \ \mu\text{A} - 360 \ \mu\text{A} = 40 \ \mu\text{A}$

$I_{margin\ low} = I_{ol} - I_{load\ low}$

　　　　　$= 16\ mA - 14.4\ mA = 1.6\ mA$

　　从分析中可看出，因电流容限为正，因此驱动器门未超负载工作，被视为正常的负载逻辑电平。

　　现在对 5400 与非门降额因子为 80% 的最坏情况进行分析。

　　器件技术条件：

5400 驱动	5400 负载	5404 负载
$I_{oh} = -0.32\ mA$	$I_{ih} = 40\ \mu A$	$I_{ih} = 40\ \mu A$
$I_{ol} = 12.8\ mA$	$I_{il} = -1.6\ mA$	$I_{il} = -1.6\ mA$

$I_{load\ high} = 4\ (I_{ih5400}) + 5\ (I_{ih5404})$

　　　　　　$= 4\ (40\ \mu A) + 5\ (40\ \mu A) = 360\ \mu A$

$I_{load\ low} = 4\ (I_{il5400}) + 5\ (I_{il5404})$

　　　　　　$= 4\ (1.6\ mA) + 5\ (1.6\ mA) = 14.4\ mA$

$I_{margin\ high} = I_{oh} - I_{load\ high}$

　　　　　　　$= 320\ \mu A - 360\ \mu A = -40\ \mu A$

$I_{margin\ low} = I_{ol} - I_{load\ low}$

　　　　　　$= 12.8\ mA - 14.4\ mA = -1.6\ mA$

　　在驱动输出电流降额因子为 80% 的情况下，引起电流容限为负。因此，在最坏情况下，5400 与非门超载，不能保证在其输出端的正常逻辑电平。

　　（2）CMOS 电路负载分析

　　CMOS 器件的负载约束不同于 TTL 器件，CMOS 器件负载存在使工作频率降低、无电流源/散热能力等情况。在这一部分将讨论 4000B 系列器件。

　　在驱动电流方面，由于输入门的高阻性能，被 CMOS 驱动的 CMOS 器件的数量实际上不受限制，因此，驱动电流不受限制。限定因素是传输延迟（t_{PLH}、t_{PHL}）和转换时间（t_{TLH}、t_{THL}）随温度及负载容量的增加而降低。最终，电路的最大频率（或最小输入脉冲宽度）将被限制。图 5-15 给出测量的传输延迟和转换时间。传输延迟测量是从 50% 输入点到 50% 输出点，转换时间测量是在 10%～90% 输出点之间。对于 4000 系列 CMOS 器件从高到低和从低到高的传输及转换时间是对称的。

　　好的最坏情况设计，要求逻辑门输入端的最小脉冲宽度或到触发器输入端的最小时钟周期不应小于该器件总的时间延迟。换句话说，只有输出电压达到负载所需要的逻辑电平，才应该改变输入端状态。以下例子说明使用 4095B 型号的 JK 触发器最坏情况频率的计算结果，图 5-16 给出了器件时序的技术条件。

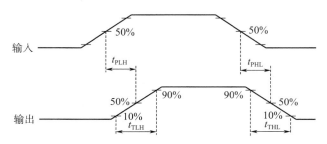

图 5 - 15　传输延迟和转换时间

动态电气特性（$T_{amb}=25$ ℃，$C_L=50$ pF，$R_L=200$ kΩ，V_{DD}的典型温度系数为 0.3，所有输入信号的上升时间和下降时间为 20 ns）

Symbol	Parameter	Test Conditions		Value			Unit
		V_{DD}/V	min	typ	max		
t_{PLH} t_{PHL}	Propagation Delay Time	5		250	500		ns
		10		100	200		
		15		75	150		
t_{PLH} t_{PHL}	Propagation Delay Time (Set or Reset)	5		150	300		ns
		10		75	150		
		15		50	100		
t_{PHL} t_{PLH}	Transition Time	5		100	200		ns
		10		50	100		
		15		40	80		
f_{CL}	Maximum Clock Input Frequency	5	3.5	7			MHz
		10	8	16			
		15	12	24			
t_w	Clock Pulse Width	5		70	140		ns
		10		30	60		
		15		20	40		
t_r，t_f	Clock Input Rise or Fall Time	5			15		μs
		10			5		
		15			5		
t_w	Set or Reset Pulse Width	5		100	200		ns
		10		50	100		
		15		25	50		
t_{setup}	Data Setup Time	5		200	400		ns
		10		80	160		
		15		50	100		
C_i	Input Capacitance	Any Input		5	7.5		pF

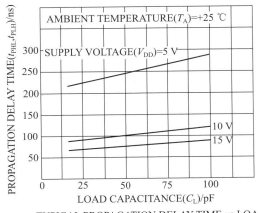

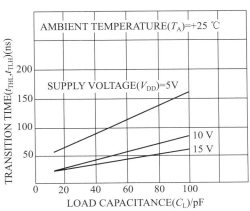

图 5 - 16　CD4095B 和 CD4096B 的时序说明

此例中假定 $V_{DD} = 5$ V

总的传输延迟

$$t_{total} = t_p + \Delta t_T$$

式中，Δt_T 是输出端从 50％点（传输延迟测量点）到负载所需逻辑电平规定电压的变换时间。$V_{DD} = 5$ V 时，$\Delta t_T = t_T \times (\Delta V)/(4.5 \text{ V} - 0.5 \text{ V})$，这里，对于逻辑 0，$\Delta V = 0.5 \times 5$ V $- 1.5$ V；对于逻辑 1，$\Delta V = 3.5$ V $- 0.5 \times 5$ V。当 $\Delta V = 1.0$ V 时，$\Delta t_T = t_T/4$，和 $t_{total} = t_p + t_T/4$。

参考器件数据：$t_{total \, nom} = 250$ ns $+ 100$ ns$/4 = 275$ ns，因此 $f_{max} = 1/275$ ns $= 3.6$ MHz。$t_{total \, max}$（@ $T_A = 25$ ℃，$C_{load} = 50$ pF）$= 500$ ns $+ 200$ ns$/4 = 550$ ns，因此，$f_{max} = 1/550$ ns $= 1.8$ MHz。

在分析最坏情况总的延迟时，必须包括根据温度和负载电容而变化的传输延迟及转换时间，从图 5 - 16 曲线中看到：

$\Delta t_T/\Delta C_L = 1.1$ ns/pF，

$\Delta t_P/\Delta C_L = 0.8$ ns/pF。

又假定温度变量是：

$$\Delta t_P/\Delta T_A = \Delta t_T/\Delta T_A = 0.27\%/℃$$

因为传输和转换时间被规定在 $T_A = 25$ ℃，$C_L = 50$ pF 时进行分析，所以上述数字应当适用不同技术要求的状态。具体来说，高于技术要求的状态，数字为正；低于技术要求的状态，数字为负。

为了了解温度升高的影响，评估在 $T_A = 65$ ℃，$C_L = 50$ pF 时总的延迟：

$$t_{total \, max} = [500 \text{ ns} + 200 \text{ ns}/4][1 + (0.0027/℃)(65 \text{ ℃} - 25 \text{ ℃})]$$

$$= 550 \text{ ns} \times 1.108 = 609.4 \text{ ns}$$

$$f_{max} = 1/609.4 \text{ ns} = 1.64 \text{ MHz}$$

现在研究增大负载电容的影响，单个负载电容为 7.5 pF，50 pF 约等于 6 个 CMOS 负载，10 个 CMOS 负载时，C_L＝80pF。因此，在 T_A＝65℃，C_L＝80 pF 时：

$$t_{total} = [(500 \text{ ns} + 0.8 \text{ ns/pF} \times 30 \text{ pF}) + (200 \text{ ns} + 1.1 \text{ ns/pF} \times 30\text{pF})/4] \times 1.108$$

$$= (524 \text{ ns} + 233 \text{ ns}/4) \times 1.108 = 582.3 \text{ ns} \times 1.108 = 645.2 \text{ ns}$$

$$f_{max} = 1/645.2 \text{ ns} = 1.55 \text{ MHz}$$

由于温度和负载电容的联合影响，规定的 3.5 MHz 的器件现在是 1.55 MHz 器件，老化和辐射的影响会进一步减小最大工作频率。图 5-17 给出了 4095B 的触发方式，图 5-18 给出了时钟频率与输出电压的关系。

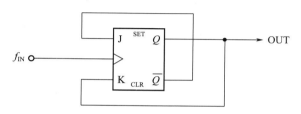

图 5-17　CD4095B 触发方式

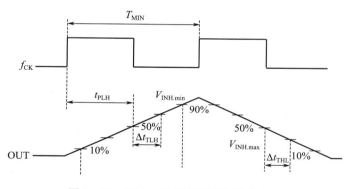

图 5-18　CD4095B 时钟频率与输出电压

5.4.4　其他分析考虑

这一部分，讨论需要保证数字单元或电路板工作的某些电气考虑。在进行数字电路最坏情况分析时，还可以但不局限于从以下方面进行考虑，详细研究本小节相应的数据块应查阅更详细的资料。

（1）转换门限/滞后

①TTL

TTL 器件输入转换门限值示于表 5-4。这些值在全部军用温度和供电范围情况下保证最坏情况工作。

表 5 - 4　TTL 器件转换门限值

	标准,高速,肖特基,TTL	低功率,低功率,肖特基,TTL
$V_{IL\,max}$	0.8 V	0.7 V
$V_{IH\,min}$	2.0 V	2.0 V

换句话说，输入端 0.8 V 保证为逻辑 "0"，2.0 V 保证为逻辑 "1"。在 0.8 V 与 2.0 V 之间的任何电压值施加到器件输入端都可能使器件转换逻辑，事实上，在器件转换的实际点上只能凭经验确定，但不能保证在最坏情况下工作。一些场合下必须知道器件转换点所处的位置（如波形变换的应用），比如施密特触发器件 5414 使用的场合。施密特触发器件设计成仅在门槛值 "V_T+ 和 V_T-" 时转换，所规定的门槛值（V_T+，V_T-）之差定义为器件的滞后。

②CMOS

4000 系列 CMOS 器件典型转换电压在 V_{DD} 电压的 $45\%\sim55\%$ 之间，但在保持保守设计实践中应当用 V_{IH} 和 V_{IL}（输入高电压和低电压）的技术条件，而这些值在器件的给定电源电压和温度变化范围内有效。

（2）噪声容限/抗干扰性

把外加到 V_{IH} 上，而不破坏驱动器件逻辑的噪声电压定义为噪声容限。具体来说，驱动器件的 $V_{OH\,min}$ 和被驱动器件的 $V_{IH\,min}$ 之间的逻辑 "1" 噪声容限是不同的；被驱动器件的 $V_{IL\,max}$ 和驱动器件的 $V_{OL\,max}$ 之间的逻辑 "0" 噪声容限也是不同的。以下说明 54LS00 与非门的噪声容限：

$V_{IH\,min}=2.0$ V，$V_{IL\,max}=0.7$ V

$V_{OH\,min}=2.5$ V，$V_{OL\,max}=0.4$ V

逻辑 "1" 噪声容限 = （2.5-2.0）V = 0.5 V

逻辑 "0" 噪声容限 = （0.7-0.4）V = 0.3 V

在明确了被驱动器件的输入电压后，也就是在一个确定的驱动器件输出电压 V_O 的情况下，CMOS4000 系列器件噪声容限的计算有些细小的区别。以下是 4081B 与门在 $V_{DD}=5.0$ V 时的噪声容限计算说明：

$V_{IH\,min}=3.5$ V，$@V_O=4.5$ V

$V_{IL\,max}=1.5$ V，$@V_O=0.5$ V

逻辑 "1" 噪声容限 = （4.5-3.5）V = 1.0 V

逻辑 "0" 噪声容限 = （1.5-0.5）V = 1.0 V

相反情况为：

$V_{IH\,min}=3.5$ V，$@V_O=0.5$ V

$V_{IL\,max}=1.5$ V，$@V_O=4.5$ V

逻辑 "1" 噪声容限 = $(V_{DD}-V_{IH})-V_O$ = （5-3.5）V-0.5 V = 1.0 V

逻辑 "0" 噪声容限 = $V_{IL}-(V_{DD}-V_O)$ = 1.5 V - （5-4.5）V = 1.0 V

（3）电源考虑

为了保持良好的去耦效果，需要在电源和地之间添加 $0.01\sim0.1~\mu F$ 高质量的射频电容。对于大多数应用，每 $5\sim10$ 个 IC（集成电路）连接一个电容就有足够好的效果。如果数字集成电路处在高电流开关附近［如 SCR（可控硅）和继电器］，那么，每二英寸连接一个电容是合适的。电容器引线长度必须很短，并尽可能靠近 IC 放置。

TTL 电源电压纹波应不大于 5%，保证的电压范围是 $5.0\times$（$1\pm10\%$）V，超过所规定的电压范围时，不能保证器件的技术要求。

因为传输延迟是电源电压的函数，所以 4000 系列 CMOS 器件的电压纹波不能大于引起器件功能降低到某一点的电压值，在该点不能保证电路正常运行。

作为好的设计，应该使用单独接地点。

（4）不用的输入端

①TTL

理论上，TTL 器件的浮动输入端为逻辑"1"电平，但实际上，浮动端噪声起着天线的作用。仅几百毫伏电压就能使器件状态转换，因此，根据输入端逻辑电平的要求，所有不用的输入端应通过 $1~k\Omega$ 电阻接到 V_{CC} 上，或把不用的输入端下拉接地。

（2）CMOS

同理，所有不用的 CMOS 输入端应连到合适的逻辑电平，否则，如果让其浮动，则会增加器件电源消耗，推荐的做法是将输入端通过一个 $1~k\Omega$ 电阻接到 V_{DD} 或 V_{SS}。

5.5　本章小结

本章介绍了最坏情况分析技术在数字电路中的应用，分别从数字电路的关键性能参数，分析内容要点和分析方法三个方面加以介绍，在关键性能参数的选取上，分别从组合逻辑电路和时序逻辑电路中选取了相关动态性能参数作为最坏情况数字电路分析的关键参数；在分析要点的确定上，明确了 11 项数字电路最坏情况分析的内容；在分析方法的介绍上，重点对数字电路中通用的逻辑分析技术、情况分析时序分析技术、最坏情况负载分析技术加以说明，并采用极限值分析法和平方和的平方根分析法对相关数字电路分析要点进行最坏情况分析。

数字电路相关分析技术远不止于此，感兴趣的读者还可以从数字集成电路的抗噪声特性、抗辐射性、抗电磁性、防静电设计、接口设计（高速接口设计、输入输出接口设计、COMS-TTL 接口兼容设计）及电源电压的影响等多个方面对数字电路进行最坏情况分析。

第6章　数模混合电路最坏情况分析

6.1　引言

按分析对象不同电路最坏情况分析可分为模拟电路最坏情况分析、数字电路最坏情况分析和混合电路最坏情况分析。伴随着现代电路系统结构的复杂和大规模化趋势，电子产品使用的集成器件越来越多，芯片的复杂度和智能度也越来越高，微控制器（MCU/DSP/CPU）、硬件可编程序逻辑芯片（CPLD/FPGA）、协议控制器等复杂数字逻辑芯片已广泛使用在电子产品中。目前多数复杂数模混合电路系统的验证主要通过系统联调试验，系统级问题的发现往往滞后，给研制带来很大风险。本节结合数模混合电路的特点，综合逻辑功能、器件时延和模拟参数，详细讲述了数模混合电路最坏情况仿真分析的方法和途径。

6.2　数模混合电路分析仿真建模技术和方法

6.2.1　概述

模型是对实际系统的一种抽象，是对系统本质的表述，是人们对客观世界反复认识、分析，并经过多级转换、整合等相似过程而成的最终结果，它具有与系统相似的数学描述或者物理属性，以各种可用的形式，给出研究系统的信息。

数模混合电路最坏情况仿真分析中，建模方法和仿真平台密切相关。仿真模型是体现实际物理器件的部分特性，不同器件在项目中的关注点不同，决定了其模型参数和建模方法的不同。

复杂数模混合电路系统仿真环境主要通过两种方式实现，如图6-1所示。第一种方式是通过数字电路专用仿真分析软件和模拟电路专用分析软件互联，通过各个软件之间的接口进行数据交换，主从之间实现数模协同仿真分析；第二种方式是在同一软件体系下对数字电路和模拟电路建模，实现数模混合电路级联仿真分析。

多软件协同仿真环境和在同一软件内仿真环境这两种方式各有利弊，需根据仿真需求做出恰当选择。多软件协同仿真方式的好处是，多数仿真模型可以直接从设计文件继承或者基于设计文件做小的改动，设计师团队对此类模型的建立和修改更易接受，但这种仿真方式会带来两方面的问题：由于设计文件本身都是基于功能实现，利用设计文件建立的模型多数情况下按照理想模式运行，并没有考虑器件的延时信息、引脚电平等主要系统级仿真需重点考虑的影响系统可靠性、安全性的因素；同时，多软件协同涉及不同公司不同功

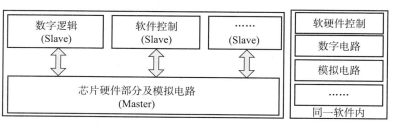

图 6-1　数模混合电路最坏情况仿真不同实现方式

能的软件，软件在数据互通、数据同步方面很不稳定，数字处理的高频通信和模拟电路之间的协调会出现数据同步失败，无法对频率较高和仿真时间较长的设计进行仿真分析，很难进行深入的仿真分析。同一软件内仿真可以兼顾模型功能和器件延时、引脚电平等可靠性因素，不会存在数据同步问题，但是这种仿真方式建模门槛高，时间周期比较长，需要一定的模型积累，对仿真分析人员的经验和建模手段要求较高。此方案对控制器、逻辑处理芯片、总线等建模的要求很高，不仅要充分理解设计，还需要了解芯片的工作机理，通过 MAST 语言、HDL、C 语言等各种途径建立模型。

6.2.2　典型器件建模方法选择

（1）普通半导体芯片建模

针对缓冲器、总线收发器、差分总线发送器、施密特触发反相器等普通半导体芯片，主要考虑其实现的功能，控制与被控关系，引脚的输入输出电平。通常采用参量化通用模板法、宏建模、MAST 行为建模相结合的方法。

（2）FPGA 的建模

基于 HDL 设计代码作为输入或基于数字电路实现的基本功能实现 FPGA 功能建模，同时考虑路径延时信息，引脚的输入输出电平。需要采用 C 语言、VHDL、MAST 行为建模相结合的方法建模。

（3）控制算法的建模

基于 DSP 等芯片的程序功能（流程图）及每个功能执行所需要的时钟周期数（计算时延），引脚的输入输出电平建模。采用 C 语言、VHDL、MAST 行为建模相结合的方法建模。

（4）总线以及通信协议芯片的建模

总线以及通信协议芯片模型考虑芯片处理协议时的逻辑时序功能，引脚的输入输出电平。采用 C 语言、VHDL、MAST 行为建模相结合的方法建模。

（5）读写储存芯片的建模

读写储存芯片模型考虑存储器的可读写状态、读写时间、引脚输入输出电平。采用 C 语言、VHDL 建模、MAST 行为建模相结合的方法建模。

6.2.3　复杂数字器件建模

（1）DSP 建模技术

DSP 是软硬件综合器件，使用 DSP 的仿真模型需要综合考虑软件和硬件两个方面的因素。其中，软件部分建模通过软件设计程序及相关文件较容易获取，硬件部分包括内部功能建模和外部引脚电气特性建模，由于内部功能建模涉及 DSP 生产厂商的详细设计，并且内部的硬件调用机理较复杂，通常对内部硬件功能的建模采用行为级建模。

建模方法和仿真平台密切相关，文中所述方法选用主流混合信号仿真器 Saber 软件作为仿真平台。本文实现的 DSP 模型是综合 DSP 硬件行为和 DSP 软件行为下的行为级模型仿真建模，考虑芯片的逻辑功能、时延、芯片和模拟电路的接口及扇入扇出能力，对 DSP 设计和工作过程中关注的软件行为和硬件行为进行建模。

DSP 建模数据主要来源于 DSP 芯片数据手册、DSP 设计任务书和 DSP 设计源文件或软件流程图、基于 DSP 程序功能（流程图）、每个功能执行所需要的时钟周期数（计算时延）和引脚的输入输出电平等。

DSP 仿真建模主要流程如图 6－2 所示。

①DSP 资源整理

DSP 资源整理如图 6－3 所示。

1）梳理 DSP 芯片数据手册，梳理 DSP 的内部接口、外部接口、存储资源、寄存器资源、内部功能模块、内部功能模块互联模式及内部模块调用流程等；

2）理解 DSP 设计任务书，得到重点关注的 DSP 硬件的组成结构，内部寄存器的定义及功能，形成 DSP 硬件结构图、寄存器功能表等内容。

②DSP 软件流程梳理

DSP 软件流程梳理如图 6－4 所示。

1）理解 DSP 设计任务书、DSP 设计源文件，梳理 DSP 执行的任务，形成 DSP 软件流程图、状态转移图；

2）结合 DSP 资源整理得出的硬件接口表和寄存器资源表，锁定 DSP 软件重点关注的功能和建模关键点，与重点功能相关联的硬件接口、资源等内容。

③DSP 建模架构

综合 DSP 软硬件功能，给出 DSP 建模架构，如图 6－5 所示。DSP 建模架构主要包括 DSP 外部数据、控制、地址接口、与接口对应的各功能模块、各软件算法模块、数据管理、程序调度总模块、各个模块间的接口关系、模块间的调度流程等。

④硬件功能模块建模设计

1）划分硬件建模模块，定义数据管理和程序调度模块为几种管理模块的具体实现，定义各个模块间的数据传输通道、数据交换方式及协同工作流程。

2）输出硬件控制流程、硬件工作流程及功能时序、硬件功能状态转移，各个模块调用时重要寄存器状态转移图，与外部交互的接口模块功能及数据定义，DSP 访问外部协议

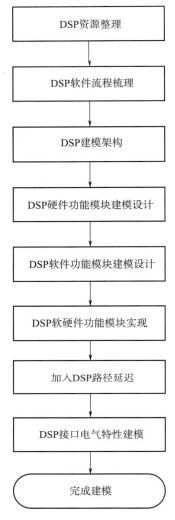

图 6-2　DSP 仿真建模流程图

图 6-3　DSP 资源整理图

总线的时序图及对应的流程。

⑤软件功能模块建模设计

定义各个算法模块与硬件的接口，定义各个算法模块间的接口，整理并确认各算法的算法流程。

图 6-4　DSP 软件流程梳理图

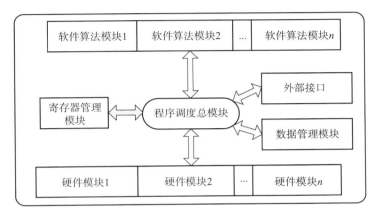

图 6-5　DSP 建模架构图

⑥软硬件功能模块实现

按照软硬件设计中梳理出的接口定义、流程图和状态转移图，在 Saber 中通过编写 MAST 语言代码实现，对于算法复杂的模块，或者具有存储特性的模块，需要采用 C 语言编写模型生成 dll 文件，通过读写文件的方式实现。

⑦加入 DSP 路径时延

根据器件手册中各个模块时序要求，梳理出关键信号延迟信息表，在 MAST 代码中定义宏变量，实现延迟信息的设定。

⑧DSP 接口电气特性建模

采用参数化调用相关工艺（CMOS/TTL/ECL）的模型，实现不同器件输入输出引脚的电气特性。根据对应芯片数据手册中的逻辑门输入为高电平时的电流 I_{IH}（max）、逻辑门输入为低电平时的电流 I_{IL}（max）、输出高电平 V_{OH}、逻辑门输出为高电平时的负载电流 I_{OH}、输出低电平 V_{OL}、逻辑门输出为低电平时的负载电流 I_{OL} 等数据，对通用接口模型中的参数进行相应修改，完成对应芯片接口电气特性模型的建模。

（2）FPGA 和总线协议芯片建模

对于 FPGA 和总线协议芯片可以通过两种方式建立仿真模型，第一种方式采用上述 DSP 的建模方式，基于 FPGA 和总线协议芯片的行为级描述建立模型，采用 MAST 加 C 语言的方式实现；第二种方式是采用 VHDL-AMS 编程方式实现，FPGA 和总线协议芯片的 VHDL 设计代码在仿真时往往已经实现，因此可以直接在 VHDL 设计代码的基础上建立仿真模型，VHDL-AMS 建模主要适用于直接使用设计 VHDL 代码，绝大多数

VHDL 代码可以直接使用，建模过程主要是在设计代码的基础上，修改或添加仿真代码做适应性修改，将延迟信号设计到模型中，再设计 FPGA 和总线协议芯片的接口模型，最后组成需要的仿真模型，建模流程如图 6-6 所示。

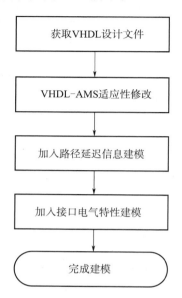

图 6-6　基于 VHDL 的 FPGA 和总线协议芯片建模流程图

6.3　数模混合电路最坏情况仿真分析

在各个模型建立完成后，再对各个模型局部集成，并进行模型测试和仿真，最终实现在复杂数模混合电路系统级联下，进行系统级的仿真分析。逐步集成的过程是一个对模型再次修正的过程。电路模拟部分和电路数字部分通过接口驱动、器件输出延迟等因素相互作用，在电路系统集成完成后，需要在不同阶段设置不同参数进行仿真分析，开展如下仿真分析工作。

（1）针对电路模拟部分开展的分析

1）应力分析：综合元器件容差、电源电压、负载条件、环境因素、辐射环境等条件下，识别是否存在过载器件。

2）灵敏度分析：通过灵敏度分析得到电路最坏情况组合依据，进一步对电路性能进行分析。

3）极值分析：结合敏感度分析，对某些电路参数设定极值进行仿真分析，该方法是一种简单、保守的电路分析方法。

4）蒙特卡罗分析：在电路各个组成部分服从某种分布条件下的仿真分析，对电路最坏情况下的功能性能进行最真实的评估。

（2）针对电路数字部分开展的分析

1）时序分析；

2）接口裕度分析；

3）状态转换分析。

具体分析步骤如下：

1）在不加入器件延时特性、接口特性的条件下，对电路系统功能和时序的正确性进行仿真分析。

2）加入器件延时，对系统功能的正确性进行仿真分析。

3）在加入器件延时边界、接口扇入扇出能力边界，温度和老化所引起的器件参数偏移，时钟频率的漂移等各种因素影响的情况下，开展电路系统的最坏情况分析、量化FMEA 分析、蒙特卡罗分析等。

4）电路灵敏度分析。

5）电路应力分析。

系统级联仿真在电路最坏情况分析中的应用，一方面可以在实物板制作之前指导并及时修正设计，另一方面可以弥补在实物无法验证的特殊工况、边界条件的分析，给定器件参数范围合理性分析，并能够灵活地对过程中的参数、变量、指标进行跟踪分析。

6.4　数模混合电路仿真分析示例

6.4.1　系统构成及工作原理

图 6 - 7 为某控制器示意图，在 DSP 和 FPGA 的控制下，通过 1553 总线获取数据，并通过 485 总线获取数据，回采 40 路时序和二次电源电压，接收开关量输入，最后按照控制逻辑处理输入信号后输出 60 路时序。

6.4.2　系统建模

（1）模拟器件建模

二级综控器中模拟器件包括电阻、电容、电源、二极管、光耦、达林顿管等类型。建立模型时如果模型库（SABER 和自建）中有同系列器件，根据器件手册中标称的电气特性，修改原有模型参数进行匹配；如果模型库中没有，则按照器件组成框图进行模型搭建，并通过参数设置拟合电压电流曲线，最后设置相应器件容差。

（2）简单数字器件建模

二级综控器中简单数字器件包括 16 位缓冲器、16 位总线收发器、8 位缓冲器、差分总线发送器、6 反相缓冲器、6 施密特触发反相器、16 位锁存器。按照器件功能表，通过基本逻辑门电路组建器件模型，在正确实现器件手册中的功能的基础上，按照器件手册中期间延迟信息表，设置时序参数，包括正常值和偏差范围，并设置相关容差参数。

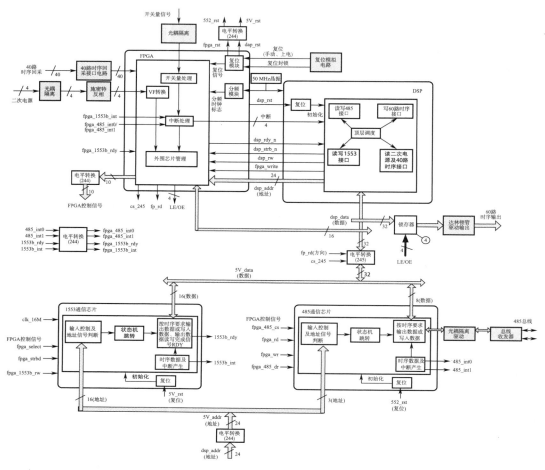

图 6 - 7　某控制器构成示意图

（3）DSP 建模

图 6 - 8 所示为 DSP 控制电路示意图，设计是以 DSP＋FPGA 的方式实现的，DSP 主要处理实时数据，FPGA 扩展 DSP 的对外接口。DSP 通过 FPGA 的控制，获取 1553 和 485 总线的数据，同时回采时序信息，接收开关量输入，最后按照控制逻辑处理输入信号后输出时序信息。此项目建模条件是在 DSP 软件能够正确配置硬件的寄存器而实现对应功能、DSP 内部的控制算法正确的条件下，重点关注在 DSP 芯片控制下，系统间信号的读写时序是否满足要求（如建立时间、保持时间、信号脉宽等），将软件功能用模型固化实现，建立芯片输入与输出信号间准确的功能时序模型。

如表 6 - 1 所示为 DSP 输入输出接口的梳理。

该 DSP 软件算法功能主要是对采集的数据进行简单的滤波或者判断后输出，因此重点考察 DSP 各任务的调度模型管理。图 6 - 9 所示为 DSP 模型架构，DSP 模型分成六部分，即顶层调度模块、读写 485 模块、读写 1553B 模块，读写时序模块，中断处理模块和开关量处理模块。

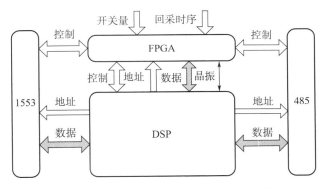

图 6 - 8　某综合控制器 DSP 控制电路示意图

表 6 - 1　DSP 芯片模型外部引脚定义

引脚	功能	输入输出
DSP_RST	复位	输入
CLK	10 MHz 时钟	输入
DSP_INT0	中断 0	输入
DSP_INT1	中断 1	输入
DSP_INT2	中断 2(1553 中断)	输入
DSP_INT3	中断 3(485 中断)	输入
DSP_RDY	数据准备好	输入
DSP_STRB	选通控制信号	输出
DSP_RW	读写控制信号	输出
DSP_A0～DSP_A23	地址总线(24 位)	输出
DSP_D0～DSP_D31	数据总线(32 位)	输入输出

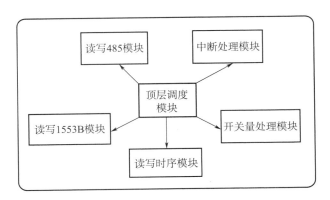

图 6 - 9　DSP 建模架构图

　　如图 6 - 10 所示为读 1553B 信号时序图，建模要求转换为相对应的状态转移图，监测输入信号的变化。当满足状态转移条件时，通过状态机跳转，实现输入与输出信号间的功能时序模型。

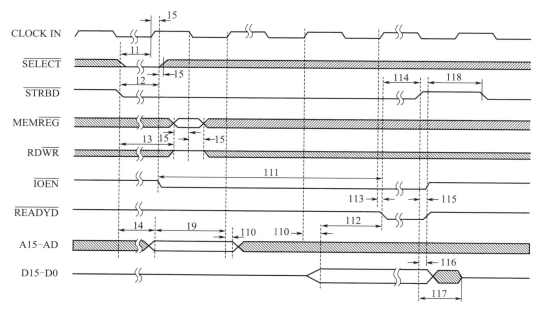

图 6 - 10　读 1553B 信号时序图

利用 MAST 语言按照状态机图实现上述 DSP _ 1553 模块功能，具体模型代码部分截图如图 6 - 11 所示。MAST 代码设计分三部分：接口定义部分，参数设置及初始化部分和设计实现部分。数字电路主要通过对敏感信号的监控，切换各个模型程序块功能。最后将 MAST 程序打包为电路模块，实现时序逻辑及相关延迟的建模。

（4）1553、485 总线协议芯片建模

建模在总线芯片从总线端接收数据的过程正确、接收外部输入后芯片内部寄存器可以正确实现其功能的前提下，重点关注芯片间读写的时序是否满足要求（如建立时间、保持时间、信号脉宽等），建立芯片输入与输出信号间准确的功能时序模型。

以 1553 芯片为例：芯片读写过程中，信号的时序应满足数据手册中时序图的要求。将时序图的要求转换为相应的状态转移图，监测输入信号的变化。当满足状态转移条件时，通过状态机跳转，实现输入与输出信号间的功能时序模型。利用 MAST 语言的行为级建模实现上述状态机，部分模型代码如图 6 - 12 所示，1553B 仿真模型如图 6 - 13 所示。

（5）FPGA 建模

在不考虑门电路延迟的前提下，FPGA 模型重点关注输入与输出信号间的功能时序。仿真模型基于设计方提供的 VHDL 代码实现，并针对仿真环境对 VHDL 模型进行适应性修改。

FPGA 仿真模型共分为 6 个主要功能模块：分频模块、复位模块、开关量处理模块、外部中断处理模块、外围芯片管理模块、VF 转换模块。图 6 - 14 所示为 FPGA 仿真模型。

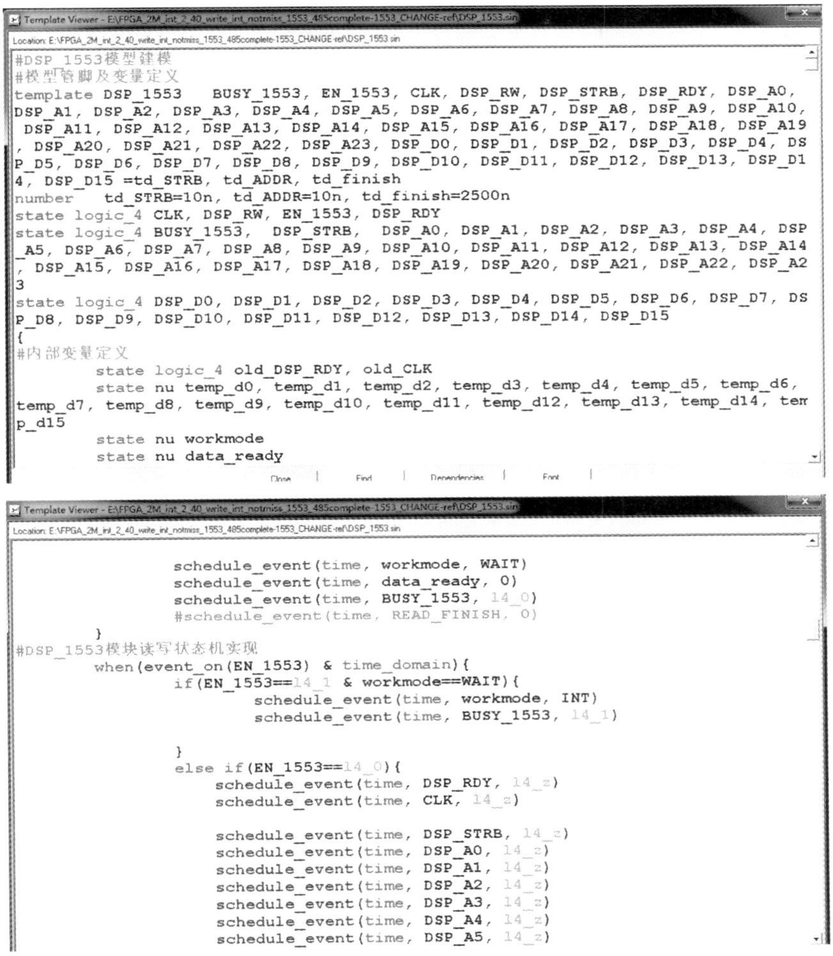


```
#DSP_1553模型建模
#模型管脚及变量定义
template DSP_1553   BUSY_1553, EN_1553, CLK, DSP_RW, DSP_STRB, DSP_RDY, DSP_A0,
DSP_A1, DSP_A2, DSP_A3, DSP_A4, DSP_A5, DSP_A6, DSP_A7, DSP_A8, DSP_A9, DSP_A10,
 DSP_A11, DSP_A12, DSP_A13, DSP_A14, DSP_A15, DSP_A16, DSP_A17, DSP_A18, DSP_A19
, DSP_A20, DSP_A21, DSP_A22, DSP_A23, DSP_D0, DSP_D1, DSP_D2, DSP_D3, DSP_D4, DS
P_D5, DSP_D6, DSP_D7, DSP_D8, DSP_D9, DSP_D10, DSP_D11, DSP_D12, DSP_D13, DSP_D1
4, DSP_D15 =td_STRB, td_ADDR, td_finish
number   td_STRB=10n, td_ADDR=10n, td_finish=2500n
state logic_4 CLK, DSP_RW, EN_1553, DSP_RDY
state logic_4 BUSY_1553,  DSP_STRB,  DSP_A0, DSP_A1, DSP_A2, DSP_A3, DSP_A4, DSP
_A5, DSP_A6, DSP_A7, DSP_A8, DSP_A9, DSP_A10, DSP_A11, DSP_A12, DSP_A13, DSP_A14
, DSP_A15, DSP_A16, DSP_A17, DSP_A18, DSP_A19, DSP_A20, DSP_A21, DSP_A22, DSP_A2
3
state logic_4 DSP_D0, DSP_D1, DSP_D2, DSP_D3, DSP_D4, DSP_D5, DSP_D6, DSP_D7, DS
P_D8, DSP_D9, DSP_D10, DSP_D11, DSP_D12, DSP_D13, DSP_D14, DSP_D15
{
#内部变量定义
        state logic_4 old_DSP_RDY, old_CLK
        state nu temp_d0, temp_d1, temp_d2, temp_d3, temp_d4, temp_d5, temp_d6,
temp_d7, temp_d8, temp_d9, temp_d10, temp_d11, temp_d12, temp_d13, temp_d14, tem
p_d15
        state nu workmode
        state nu data_ready
```

```
                schedule_event(time, workmode, WAIT)
                schedule_event(time, data_ready, 0)
                schedule_event(time, BUSY_1553, 14_0)
                #schedule_event(time, READ_FINISH, 0)
        }
#DSP_1553模块读写状态机实现
        when(event_on(EN_1553) & time_domain){
                if(EN_1553==14_1 & workmode==WAIT){
                        schedule_event(time, workmode, INT)
                        schedule_event(time, BUSY_1553, 14_1)

                }
                else if(EN_1553==14_0){
                    schedule_event(time, DSP_RDY, 14_z)
                    schedule_event(time, CLK, 14_z)

                    schedule_event(time, DSP_STRB, 14_z)
                    schedule_event(time, DSP_A0, 14_z)
                    schedule_event(time, DSP_A1, 14_z)
                    schedule_event(time, DSP_A2, 14_z)
                    schedule_event(time, DSP_A3, 14_z)
                    schedule_event(time, DSP_A4, 14_z)
                    schedule_event(time, DSP_A5, 14_z)
```

图 6-11　DSP _ 1553 模块模型部分 MAST 代码

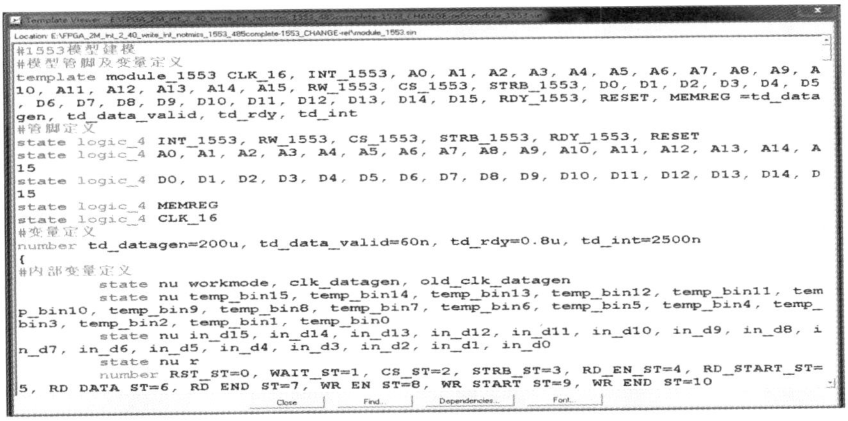


```
#1553模型建模
#模型管脚及变量定义
template module_1553 CLK_16, INT_1553, A0, A1, A2, A3, A4, A5, A6, A7, A8, A9, A
10, A11, A12, A13, A14, A15, RW_1553, CS_1553, STRB_1553, D0, D1, D2, D3, D4, D5
, D6, D7, D8, D9, D10, D11, D12, D13, D14, D15, RDY_1553, RESET, MEMREG =td_data
gen, td_data_valid, td_rdy, td_int
#管脚定义
state logic_4 INT_1553, RW_1553, CS_1553, STRB_1553, RDY_1553, RESET
state logic_4 A0, A1, A2, A3, A4, A5, A6, A7, A8, A9, A10, A11, A12, A13, A14, A
15
state logic_4 D0, D1, D2, D3, D4, D5, D6, D7, D8, D9, D10, D11, D12, D13, D14, D
15
state logic_4 MEMREG
state logic_4 CLK_16
#变量定义
number td_datagen=200u, td_data_valid=60n, td_rdy=0.8u, td_int=2500n
{
#内部变量定义
        state nu workmode, clk_datagen, old_clk_datagen
        state nu temp_bin15, temp_bin14, temp_bin13, temp_bin12, temp_bin11, tem
p_bin10, temp_bin9, temp_bin8, temp_bin7, temp_bin6, temp_bin5, temp_bin4, temp_
bin3, temp_bin2, temp_bin1, temp_bin0
        state nu in_d15, in_d14, in_d13, in_d12, in_d11, in_d10, in_d9, in_d8, i
n_d7, in_d6, in_d5, in_d4, in_d3, in_d2, in_d1, in_d0
        state nu r
        number RST_ST=0, WAIT_ST=1, CS_ST=2, STRB_ST=3, RD_EN_ST=4, RD_START_ST=
5, RD DATA ST=6, RD END ST=7, WR EN ST=8, WR START ST=9, WR END ST=10
```

图 6-12　MAST 行为级模型示例（1553）

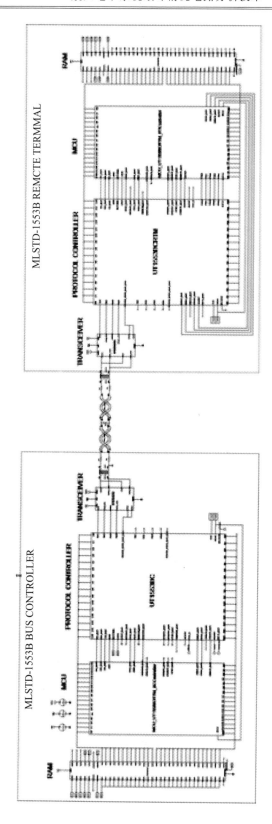

图 6 - 13　1553B 通信协议芯片仿真模型

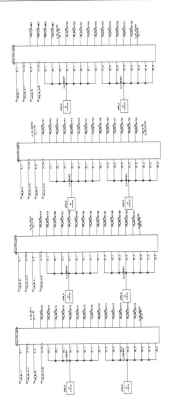

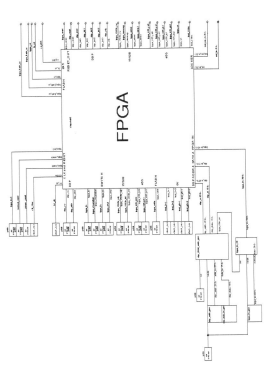

图 6 - 14　FPGA仿真模型

（6）数字芯片接口电气特性模型

为了对数模器件进行混合仿真，需要在实现器件功能和时序的基础上，针对输入输出引脚，封装其接口电气模型，实现理想的数字逻辑高低电平与真实的模拟电气特性之间的转换。

建模采用参数化调用相关工艺（CMOS/TTL/ECL）的模型，实现不同器件输入输出引脚的电气特性。根据对应芯片数据手册中的逻辑门输入为高电平时的电流 $I_{IH\,max}$、逻辑门输入为低电平时的电流 $I_{IL\,max}$、输出高电平 V_{OH}、逻辑门输出为高电平时的负载电流 I_{OH}、输出低电平 V_{OL}、逻辑门输出为低电平时的负载电流 I_{OL} 等数据，对通用接口模型中的参数进行相应修改，完成对应芯片接口电气特性模型的建模。

以 DSP 电气特性建模为例，在实现器件功能和时序的基础上，针对输入输出引脚，封装其端口的电气模型，实现引脚的电压电流信息。SMJ320VC33（DSP 芯片）工作电压在 3.3 V。端口电气特性参数设置参考器件手册数据。由于需要考虑最坏情况，输出高电平 V_{OH} 取相同电流下的最小值，输出低电平 V_{OL} 取相同电流下的最大值。各参数具体设置如表 6 - 2 所示。通过建立器件引脚模型，在 MAST 模型基础上，封装电气特性，使模型引脚具有扇入扇出特性，得到最终的仿真模型。

表 6 - 2　DSP 芯片端口电气模型特性参数

器件	输入引脚/输出引脚	V_{CC}	$V_{IH\,min}$	$V_{IL\,max}$	$I_{IH\,max}$/ $I_{IL\,max}$ R_{DOWN}/R_{UP}	V_{OH1}/I_{OH1}	V_{OH2}/I_{OH2}	V_{OL1}/I_{OL1}	V_{OL2}/I_{OL2}
SMJ320VC33（DSP）	输入	3.3V	2.31 V	0.99 V	600 μA 5.5 kΩ				
	输出					3.29 V/ 20 μA	2.4 V/ 4 mA	0.01 V/ 20 μA	0.4 V/ 4 mA

6.4.3　仿真分析

在系统级联下，对 DSP 芯片读写 485 芯片、DSP 芯片读写 1553 芯片、DSP 输出 60 路时序、DSP 回采二次电源及 40 路时序、系统复位等工况进行仿真分析，以 DSP 读写 1553 时序数据为例。

DSP 读 1553 芯片数据大致的过程如下：

1）时序信息通过 1553 总线，发给 1553 总线芯片，总线芯片接到有效时序数据后，产生中断 int_1553；

2）FPGA 对中断处理后将中断发给 DSP；

3）DSP 执行完当前读写周期后，响应中断进入读 1553 中断子程序，输出对应地址信号和控制信号；

4）FPGA 判断地址和控制信号后，输出控制信号给 1553 芯片；

5）1553 判断地址信号和控制信号有效后，将时序数据上传到数据总线上并输出数据，同时将准备好信号 1553_RDY 发送给 FPGA；

6）FPGA 输出 DSP_RDY 给 DSP；

7) DSP 接到有效 DSP ＿ RDY 后，读取总线上的数据，并将控制信号、地址信号设置为无效；FPGA 通过状态机输出 1553 控制信号无效，从而完成一次读过程。

具体仿真分析如下：

（1）时序分析

图 6 - 15 所示为 1553 控制时序的建立和保持时间仿真波形图，重点关注芯片间信号交互时序是否满足各自数据手册要求，包括准备好数据到 DSP 去读数据时钟下降沿的建立时间、从 DSP 读数据的时钟下降沿到数据无效的保持时间、从 DSP ＿ RDY＝0 到判断 DSP ＿ RDY 值的时钟上升沿的建立时间、从判断 DSP ＿ RDY 值的时钟上升沿到 DSP ＿ RDY＝1 的保持时间。

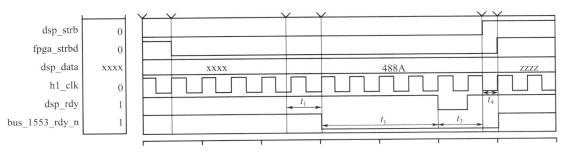

图 6 - 15　1553 控制时序的建立和保持时间仿真波形图

设置器件时序参数漂移，通过蒙特卡罗仿真分析得到所关注的时序的最坏情况值，与器件手册和设计要求进行对比。

（2）接口特性分析

重点关注芯片间接口的驱动能力是否满足，包括 FPGA 驱动 DSP、DSP 驱动 FPGA、244WD 驱动 FPGA、245WD 驱动 DSP、244WD 驱动 1553、245WD 驱动 1553 等。

设置器件参数漂移，通过蒙特卡罗分析得到驱动门输出高低电平的最坏情况值，对比负载门对于输入逻辑电平的要求。如图 6 - 16 所示为 FPGA 驱动 DSP 输出电压的蒙特卡罗分析仿真结果。

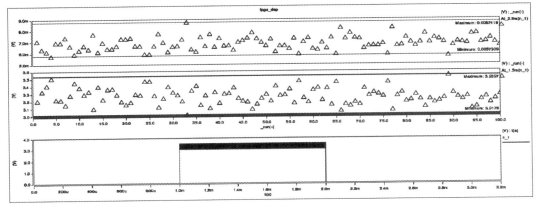

图 6 - 16　FPGA 驱动 DSP 输出电压的蒙特卡罗分析

6.5　本章小结

　　本章针对数模混合电路最坏情况仿真分析，详细讲述了复杂数模混合电路仿真分析的建模和仿真分析方法，该仿真分析方法综合考虑了传统模拟电路分析和数字电路分析方法，对不同器件的建模仿真方法及侧重点进行了详细叙述。此外，通过工程示例，表明该方法已经能够较好地用于工程中，工程可操作性较强。

第 7 章　最坏情况电路分析项目管理

最坏情况电路分析项目必须通过有效的途径对项目及其资源进行计划、组织、协调、控制，以保证最坏情况电路分析项目的顺利开展。

7.1　分析对象选择

最坏情况电路分析适用于不同的系统层次和产品架构，系统级电路、单机设备级电路或模块组件级电路等均可开展最坏情况电路分析工作。由于技术条件限制，目前 WCCA 主要对单机设备级产品开展分析和应用，系统级 WCCA 的相关技术也在不断研究发展。随着技术能力的不断发展，后续对系统级电路的分析可通过多物理场仿真技术与软硬件协同设计技术的融合，以及潜在电路分析技术与 WCCA 结合进行。

最坏情况电路分析原则上适用于任何电子电气产品。但由于最坏情况电路分析的工作量巨大，导致分析成本高，应充分权衡实施分析的成本费用与效益因素，选择费效比高的产品实施分析。

因此在最坏情况电路分析的对象选择上，应参考以下原则：

1) 对任务有重大影响的电子产品，包括工作寿命长、对可靠性要求高的电路，易发生单点失效且难以补偿的电路，对容差敏感、影响系统关键性能的电路，被列为可靠性关键项目的电路等；

2) 质量风险高的电子产品，包括设计裕度低且没有进行全面验证的电路，内部参数变化大的电路，任务剖面内工作环境条件变化大、存在不确定因素的电路，研制应用过程中问题突出的电路等；

3) 新研电子产品或继承成熟产品，但在电路设计和元器件选型等方面有较大更改、成熟度较低的电子产品；

4) 高效费比电子产品，包括研制成本高、周期长、供应保障困难的电路等；

5) 其他在研制任务书有明确开展 WCCA 要求的电子产品。

按照上述原则，结合航天型号系统电子产品类别，进行最坏情况电路分析对象的选择。

7.2　最坏情况电路分析项目承担方选择

通常而言，由设计方对产品直接进行最坏情况电路分析存在一定的局限性，如设计人员一般缺少丰富的分析经验，对自己设计的产品存在固定的思维模式，对其中的设计问题敏感度不强，难以发现问题等。从产生最坏情况电路的因素考虑，最坏情况电路分析项目一般应由具备专业分析能力的人员来实施，对于设备以下级且可靠性、安全性要求程度不高的产品，也可由设计人员完成分析工作。由设计人员实施的最坏情况电路分析项目，分析队伍需由产品设计人员和同类产品设计专家组成。而由专业机构实施的最坏情况电路分析项目，分析队伍应由以下三方人员构成：

　　1）最坏情况电路分析专业人员；

　　2）受分析产品领域（如电子电气）专家；

　　3）产品设计人员。

其中分析工作主要由前两类人员独立完成，设计人员主要负责提供设计数据及相关内容的咨询。分析人员和设计人员之间应就分析数据和结论进行及时的沟通和交流，以保证分析结论的正确、有效。

7.3　最坏情况电路分析项目实施时机和计划

最坏情况电路分析工作主要针对设备模块级产品开展，实施最坏情况电路分析项目的计划，应根据具体电路设计进展，尽早开展。当完成电路原理设计时，可针对电路功能实现过程开展最坏情况电路功能分析；在完成器件选型和初样设计后，可结合器件手册、器件试验数据进行最坏情况电路性能分析和应力分析；完成系统正样设计后，可进一步验证系统级电路在极端环境下和最坏情况下的健壮性和性能裕度。在此之前实施最坏情况电路分析工作，会遇到不能提供完整设计数据和资料等问题，而在此之后实施最坏情况电路分析工作，会遇到需付出较高代价来更改设计的问题。

7.4　最坏情况电路分析项目过程协调与监管

为了充分发挥最坏情况电路分析技术在军工产品研制中的作用，应将最坏情况电路分析与其他可靠性工作项目一起纳入整个研制计划。

最坏情况电路分析任务通常由总体设计单位或分管产品设计的单位进行充分沟通和讨论，在对任务目的和应达到的效果充分理解的基础上，最终以任务书的形式提出。任务书中主要对分析的功能、电路构成、分析深度、分析重点、分析数据基础、分析结果提交形式、分析进度等进行规定，同时提出简要的最坏情况电路分析项目的实施计划。本书附录A给出了任务书的示例。

在最坏情况电路分析项目正式分析工作开展之前，必须保障任务的基本输入数据能完整提供，输入数据的完整性将直接影响后续分析工作的顺利开展，是确保分析效果的基本条件。本书附录B给出了输入数据要求示例。

在最坏情况电路分析项目启动后，项目负责人员有责任监控分析的过程和进展。为此，可建立系统地监控工作实施情况的审查表。典型的分析过程审查表如表7-1所示。

表 7 - 1　过程审查表

项目实施过程的关键环节	协调内容	审查内容	执行人员
设计数据的提供与收集	由于通常受分析产品由多个基层单位参与研制，而当最坏情况电路分析项目的委托方为系统总体部门时，相应的设计数据需在总体部门的协调下进行收集，通常这个过程可能受到一些阻碍，用于沟通和协调的工作量很大	数据版本是否最新；产品设计数据的正确性和完整性	一般由任务提出方负责审核，任务提出方与设计分析人员共同协商后进行过程审查与复核确认。在现行航天责任体制中，一般由室主任一级的负责人进行审核。对于重要的电路或分系统，总设计师、型号领导和相关设计分析人员应按规定参与履行审查责任
建立单个模型及测试	对于建模中所需的产品设计手册与数据资料的理解和预处理，分析方需在项目委托方的协调下，与产品设计方进行充分的沟通，确保对产品建模理解的正确性、完备性和深入性	模型精度；模型测试与试验结果的对比验证	
模型联合调试及验证	无	性能指标与降额准则是否满足要求	
最坏情况电路分析	分析方存在由于所得数据限制造成的分析偏差，因此对于分析结论，需要分析方与产品设计方进行复核确认	是否全面；产品功能分析的覆盖性；产品运行状态的覆盖性	

　　分析方就分析过程中所发现的问题应及时沟通，包括数据的正确性、产品功能和时序的完整性、分析发现的最坏情况电路问题应按相应的文档格式记录，见本书附录 C 所示。对最坏情况电路分析发现的最坏情况电路问题应尽早采取措施，减少更改对费用和计划引起的影响。

　　在监管分析的过程中，管理人员不但要落实过程中关键节点的检查，而且要确保整个分析工作各方面资源的相互协调，并对已发现的问题进行及时的通报，并确定是否进行设计更改。

7.5　最坏情况电路分析项目效益、费用与周期

7.5.1　最坏情况电路分析项目效益

　　最坏情况电路分析技术的显著优势总的来说表现在有效发现设计问题和有效发现非失效相关类型的故障。最坏情况电路分析对研制项目的具体效益则主要体现在以下七个方面。

　　（1）发现潜在而严重的设计问题

　　最坏情况电路分析的主要益处来自对产品进行详细的分析，发现设计过程中不易被识别的功能异常情况，对于系统级电路可将 WCCA 结合潜通路分析技术开展功能设计分析，而对于电路级电路最坏情况电路分析在识别这些问题方面具有较大的优势。

　　（2）发现设计疏漏

　　通过最坏情况电路分析，或通过进一步的审查所发现的，可能存在设计缺陷类型的例子有元器件过应力、单点失效、电路冗余或多余元器件、缺少瞬间保护措施、元器件选型不够匹配等。

（3）发现设计文档错误

最坏情况电路分析需要对产品接口及电路进行详细的检查，在一些情况下可以补救发现设计环节未能准确发现的电路图及文档错误，从而节约成本、降低风险、保障后续工作的顺利进行。

（4）降低产品更改费用以及项目中断的可能性

最坏情况电路分析技术所带来的另一个重大效益是能够尽早地发现问题。对物理系统而不是对电路图设计阶段进行重大设计的调整，很明显既困难又费时。因此，设计更改导致的开支随着研制进程的推进而显著增加。图 7-1 表示的是国外某短程导弹（SRAM）项目在研制阶段的 7 个点进行修改所付出的平均花费。曲线数据表明了在研发过程的较晚阶段进行设计更改对于全系统费用的重大影响。很明显，在研发阶段的早期发现和改正问题可以大大节省研制费用和计划周期。

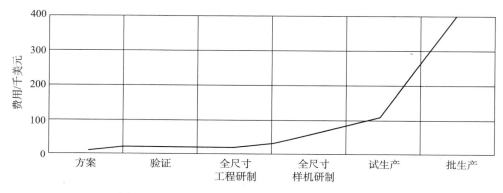

图 7-1　设计更改在不同研制阶段导致的费用情况

（5）提高设计的可靠性及安全性

通常应用可靠性及安全性分析的意图是识别由元器件失效所导致的产品失效。虽然这样的问题覆盖了产品大部分可靠性问题，但产品仍可以在无部件失效的情况下发生产品失效。通过使用最坏情况电路分析技术排除这样的问题，可以有效地提高产品的可靠性与安全性。

（6）降低试验及分析需求

利用庞大、耗时的测试来分析最坏情况会增加项目研制费用，并且不能保证能识别这种只有在极端特定情况下才能暴露的问题。但利用更加高效便捷的 WCCA 技术来分析最坏情况，可以更加直接有效地发现这样隐藏较深的类似隐患和问题。

（7）有益于其他分析

在项目研制中，可以结合最坏情况电路分析来进行其他所需的分析。如上述的设计疏漏，包括最坏情况电路分析在内的详细设计审查，可以发现误用、过应力以及其他类似的问题。同样重要的是，最坏情况电路分析的一些直接产品（特别是网络树）能为其他可靠性分析提供分析材料上的帮助。

除了上面所述的益处外，最坏情况电路分析的应用可以增强管理人员对产品设计的信心。最坏情况电路分析意味着将产品置于不同的条件下对系统进行详细的分析，也从另外一个方面确保了产品按预期的功能运行。

7.5.2　最坏情况电路分析项目费用

以下三方面因素将影响对最坏情况电路分析项目费用的评估：

1）产品的复杂程度。在所有的费用影响因素中，产品复杂性是最主要的影响因素。产品越复杂，分析费用越高。

2）分析的深入程度。对同一个产品实施最坏情况电路分析，不同深入程度的产品划分层次与产品中"黑盒"的数量和规模不同，会在费用评估上产生很大影响，即产品划分得越细致深入，"黑盒"的数量越少，规模越小，则项目的费用相应越高。

3）其他因素，如数据获得的难易程度、管理部门的协调和评审以及交流讨论的频度、特别的合同要求等因素也会影响最坏情况电路分析费用的评估。

较为常见的情况是从产品复杂性方面评估最坏情况电路分析项目的费用。下面给出国外某机构采用的两种最坏情况电路分析项目经费的评估方法——计数评估法和计时评估法。

（1）计数评估法

该评估方法是基于对上百个最坏情况电路分析项目的研究后得出的。该方法通过对所收集的费用数据以及所分析的设备的元器件个数之间关系的研究，得出了如图 7-2 所示的费用—复杂性关系图。虽然曲线只是粗略的数量级层次的估计，但它对于分析方面的决策能提供有益的帮助。图 7-2 的曲线假定硬件元器件属于不同类型。当元器件类型的分布已知时，可以利用表 7-2 给出更精确的费用估计。这些数据表明了与某指定类型部件分析相关的费用情况，以及每项费用的上下限值。利用这些信息，可以较为方便地对每个类型的所有部件评估最坏情况电路分析费用，列于表 7-3 中。

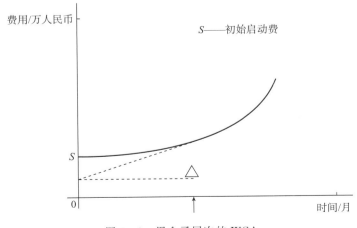

图 7-2　黑盒子层次的 WCA

表 7 - 2　不同类型部件的 WCCA 费用因素

元器件类型	费用权重因子 （单位：美元/器件）	费用权重因子上下限 （单位：美元/器件）
电阻、电容、线圈	29	±8
继电器、晶体管、开关	79	±11
小规模集成电路（SSI）	164	±14
中规模集成电路（MSI）	284	±14
大规模集成电路（LSI）	468	±25
一般混合器件（用于实际的器件类型未知的情况）	94	±19

表 7 - 3　不同部件类型 WCCA 费用的计算例子

元器件类型	元器件数量 × 权重因子 ＝ 元器件费用 ± 费用上下限
电阻、电容、线圈	400 × \$29/part ＝ \$11 600　　± \$3 200
继电器、晶体管、开关	200 × \$79/part ＝ \$15 800　　± \$2 200
小规模集成电路（SSI）	150 × \$164/part ＝ \$24 600　　± \$2 100
中规模集成电路（MSI）	100 × \$284/part ＝ \$28 400　　± \$1 400
大规模集成电路（LSI）	50 × \$468/part ＝ \$23 400　　± \$1 250
总　计	\$103 800　　± \$10 150

（2）计时评估法

计时评估法可以相对较快并简单地粗略估算 WCCA 费用。对于一个给定的 WCCA 任务，可以用一些通用的规则来帮助估算所需"人·小时"的数量级。该方法的前提是假定使用熟练的 WCCA 分析人员进行分析。下面介绍通用规则：

1）对分析所涉及的分立元器件（如电阻器、电容器、晶体管、开关、集成电路），分析人员需要付出 1～2 h 的劳动，具体依赖于设备的复杂性。

2）对于每个输入/输出连接（电路板到电路板，以及黑盒子到黑盒子），分析人员需要付出 2 h 的劳动。

3）在需要对每块电路板内部进行详细分析的黑盒子中，将这些小时数加起来，以获得粗略的工作量的估计。

4）对黑盒子分析工作量的估计除以 2（考虑了所有的输入/输出接口，但只考虑了少量的内部部件）。

上述两种费用评估方法主要适用于使用网络树技术进行的硬件最坏情况电路分析项目。

无论使用哪种费用评估方法，都应仔细地权衡实施 WCCA 所需费用与它所能带来的效益，这些效益是：

1）发现潜在的严重设计问题；

2）发现设计疏漏；

3）发现文档错误；

4) 降低产品设计更改费用以及降低项目夭折的风险；

5) 提高产品的可靠性与安全性；

6) 减少测试及所需的分析项目；

7) 有益于其他分析项目。

对于航天系统而言，WCCA 在早期采用科学的方法和利用较少的资源，可以发现具有严重影响的问题，避免重大损失，规避重大风险。同时，WCCA 也有助于不断积累型号工程经验和方法知识，深化问题认识，形成经验线索。为设计经验不足的人员提供参考。综合以上效益，开展 WCCA，具有较大的效费比。

7.5.3　最坏情况电路分析项目周期

最坏情况电路分析项目的周期对于项目管理者权衡项目是否开展同样具有重要影响。经验表明，最坏情况电路分析项目的实施周期与分析的要求和对象有关，因而与分析的费用有关。在有关文献中，给出了 WCCA 费用与 WCCA 周期的关系。图 7 - 3 提供了一个估计实施 WCCA 所需时间的基准。

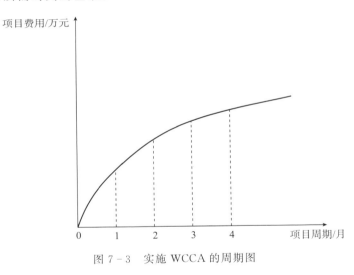

图 7 - 3　实施 WCCA 的周期图

项目费用一般随项目周期增加，具体实施时，可以将项目周期划分为不同的阶段：任务书阶段、实施方案阶段、建模仿真阶段、报告复核阶段。

7.6　本章小结

对于复杂产品而言，决定是否需要实施最坏情况电路分析涉及一个权衡过程，这些权衡因素包括项目预期的效益、费用和实施周期的综合平衡情况。由于最坏情况电路分析的多方面显著效益，对于适合的产品对象而言，都有必要开展分析工作。由于受分析产品的分散性和复杂性，最坏情况电路分析项目的实施过程需要借鉴和引用项目管理模式，同时汲取以往项目总结的经验开展，以保证将最坏情况电路分析的效益发挥到最大程度。

本章主要对最坏情况电路分析项目管理中应重点关注的问题进行了阐述，主要包括实施对象的选择、任务承担方的确认、项目实施的时机和计划、项目的过程管理、项目的效益、费用与周期等内容，供项目提出方在考虑最坏情况电路分析时分析项目的计划、组织和管理等方面参考。

第 8 章　计算机辅助最坏情况电路分析

8.1　引言

在进行最坏情况电路分析时，需要开展功能模块划分、电路建模、环境因素设定、最坏情况电路分析等工作，对复杂系统而言，这些工作需要处理上千个元器件及其组成电路，数据量巨大，逻辑关系复杂。如果单纯依靠手工计算开展最坏情况电路分析，需要耗费大量的人力与时间并且极易出错，因而在工程应用过程中分析人员必须借助计算机辅助工具开展工作。通过借助功能完善、性能优良的电路仿真分析工具，可以大幅提高最坏情况电路分析的效率与质量，是最坏情况电路分析的必然途径。

随着计算机技术和软件技术的蓬勃发展，面向电路分析的 EDA 仿真软件不断推陈出新，开展最坏情况电路分析也大都应用电路仿真软件进行，仅有少数专业机构开发了最坏情况电路分析的专业软件，目前常应用于最坏情况电路分析的仿真工具包括以下几种。

（1）Saber 仿真软件

Saber 仿真软件是美国 Analogy 公司开发、现由 Synopsys 公司经营的系统仿真软件，能够为混合电路的设计和验证提供有效支持。该软件作为混合仿真系统，可以兼容模拟、数字、控制量的混合仿真。软件内嵌自有模型库，可采用 MAST、VHDL - AMS、Fortran 语言建模。开展最坏情况电路分析时，可利用其灵敏度分析、参数扫描分析、蒙特卡罗分析、应力分析、极值分析模块（此模块虽在本软件中定义为最坏情况分析，但其实质上仅进行极值分析）进行相应的最坏情况电路分析。

（2）PSpice 仿真软件

PSpice 仿真软件由美国 MicroSim 公司于 1984 年推出，而后在业内得到广泛应用。该软件基于 Spice（Simulation Program with Integrated Circuit Emphasis）标准开发，可实现模拟-数字电路混合仿真，能够实现原理图编辑、电路仿真、激励编辑、波形数据输出。同时，该软件还可以进行温度噪声分析、灵敏度分析、参数扫描分析、蒙特卡罗分析、应力分析、极值分析等，其满足最坏情况电路分析的要求。

（3）Multisim 仿真软件

Multisim 软件是加拿大 Interactive Image Technologies 公司在 EWB 软件基础上发展而来，主要用于模拟电路和数字电路的混合仿真，可利用软件自带的虚拟示波器直接读取电路各类参数和输出波形。该软件被美国国家仪器（NI）有限公司收购后，更名为 NI Multisim。Multisim 软件包含自有元器件库，可实现电路原理图的图形输入以及电路硬件描述语言输入，具有丰富的仿真分析能力。能够完成模数混合仿真分析、瞬态分析和稳态分析、电路噪声分析和失真分析、交直流灵敏度分析、参数扫描分析、极值分析、蒙特卡罗分析等，也是一款适用于最坏情况电路分析的软件。

上述介绍了三种最坏情况电路分析常用的计算机辅助软件工具，同类型的 EDA 软件还有很多，如：Altium – Designer、Mentor、Matlab 等，但以上软件均为电路仿真软件，对最坏情况电路分析不具有针对性，不能涵盖最坏情况电路分析的所有必要因素。

自 20 世纪 90 年代，最坏情况电路分析技术引进国内后，各大高校纷纷对该技术展开研究，但仍依托于国外的 EDA 软件 Pspice 仿真器。

航天 708 所多年来一直从事最坏情况电路分析，率先将该技术应用于工程实践，在积累大量国产元器件模型的基础上，定制开发出一套符合国军标要求的最坏情况电路分析软件系统工具（WCASim），其能够自动化完成最坏情况分析的内容和功能，包括：绘制原理图、设置变量（影响因素设定）、电路瞬态仿真、最坏情况分析、分析结果显示及导出等功能。WCASim 是专业的定制化最坏情况电路分析工具，该软件在最坏情况电路仿真分析领域处于领先地位，详细介绍参考 8.2 与 8.3 章节。

8.2　最坏情况电路分析辅助软件系统简介

8.2.1　概述

通过利用最坏情况电路分析系统（WCASim），能够考虑各类电子电路在工作环境、电路输入以及元器件参数值漂移等因素，在以最不期望的条件施加时，评价电路在此种最坏情况条件下的工作性能是否仍满足设计要求。最坏情况电路分析系统（WCASim）已经在多项型号工程中得到实际应用，效果十分显著。

WCASim 是独立的软件工具，其工作在 Windows 7 操作系统中。硬件环境要求为：内存不小于 4 G，硬盘空间不小于 50 G，i5 及其以上 CPU。

8.2.2　与国外最坏情况电路分析辅助软件工具比较

WCASim 与国外最坏情况电路分析辅助软件工具的比较如表 8 – 1 所示。

表 8 – 1　WCASim 与国外最坏情况电路分析辅助软件工具的比较

	可仿真的影响因素					针对国内以及特殊元器件的模型库	与 EDA 工具的结合
	温度	器件容差	老化	电磁	辐照		
国外软件 Saber、PSpice 等	√	√					
WCASim	√	√	√	√	√	√	√

8.1 节中介绍的计算机辅助软件工具 Saber、PSpice、Multisim、Altium – Designer、Mentor、Matlab 等，其实质上均为电路仿真软件，对最坏情况电路分析不具有针对性，利用它们开展最坏情况电路分析，只能是利用里面的一些仿真功能模块开展，影响因素上仅可考虑温度与器件容差。而器件老化、电磁、辐照等最坏情况电路分析中的重要影响因

素均未考虑。

再者，它们均为国外软件，其自有的元器件模型库也均是国外厂家的元器件，对于国产器件有很大的局限性。同时，最坏情况电路分析要求的元器件模型精度较高，对于航天运载火箭设计等特殊领域还需定制化模型的仿真，所以在国内开展最坏情况电路分析大都需重新建模，无疑增加了分析的难度和工作量，而 Saber 等国外同类软件并不能满足要求。

8.2.3　特点与优势

WCASim 软件系统不仅具有上述竞争力，其还在提升软件系统的用户体验方面，具有以下特点和优势：

（1）良好的易用性

1）WCASim 各模块介绍和使用手册的查看：软件的使用手册集成到 Help 菜单栏中；

2）DEMO 案例的查看与使用：在菜单栏 Help 中嵌入一个简单的 DEMO，验收时可供演示使用。

（2）集成的模型库管理功能

1）将已经开发好的模型库和模型库管理工具集成到软件系统中，通过模型库管理功能对模型进行管理；

2）提供两种权限的登录：选择管理员登录，模型库管理将提供浏览、查找、删除、添加、修改及帮助功能；选择普通用户登录，模型库管理将提供浏览、查找及帮助功能。

8.2.4　应用价值

WCASim 的应用价值可归结为以下两方面：

1）评价电路性能参数：选用合适的分析方法，评价电路在最坏情况条件下其性能是否仍满足设计要求；

2）评价元器件工作应力：分析在最坏情况下电路中元器件是否存在过应力的情况，为正确选用元器件、降额使用与设计提供依据。

通过利用 WCASim 能够考虑运载火箭各分系统中的电路所在工作环境、电路输入以及元器件参数值漂移等因素，在以最不期望的条件施加时，评价电路在此种最坏情况条件下的工作性能是否仍满足设计要求。WCASim 已经在多项型号工程中得到实际应用，并且效果显著，如××导弹伺服控制电路最坏情况分析、××卫星电源控制器的 24 路分流调节电路的最坏情况分析、××探测器电源变换电路的最坏情况分析、××卫星平台蓄电池充电调节模块的最坏情况分析等。

8.3　最坏情况电路分析系统功能组成

WCASim 是根据多年来在最坏情况电路分析技术研究成果及型号应用经验的基础上，

开发研制的最坏情况电路分析的专业软件工具。下面将从 WCASim 各功能模块的角度出发，对其进行简要介绍。WCASim 的整体功能架构流程如图 8-1 所示。

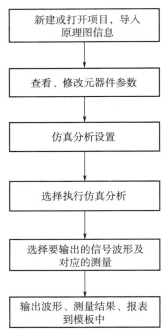

图 8-1　WCASim 的整体功能架构流程

8.3.1　设计项目

进入 WCASim，首先需要创建工程项目。设计工程项目的功能是将待分析工程项目的数据输入到软件系统中，该功能是针对电子、电气产品的研制特点进行开发的。既可以通过画图界面编辑电路原理图并保存导入的方式，也可以导入已有的用其他 EDA 软件绘制的电路原理图。WCASim 能读取被导入原理图中的元器件类型、元器件在图中的命名以及各元器件引脚间的连接方式。

创建工程项目后，WCASim 会自动加载原理图信息，显示原理图中的器件信息，包括器件类型、器件的属性名和属性值（如器件端口属性）以及位号等，此处即可查看/修改元器件参数。

该软件平台具备独立的前端显示界面，分为输入区、设置区和输出区，如图 8-2 所示。

1）输入区：主要是原理图的相关操作，包括原理图的导入、查看、绘制、版本控制。

2）设置区：进行最坏情况电路分析有关参数的设置，包括变量设置、分析设置及仿真设置。

3）输出区：主要是进行图形输出及报告输出的管理。其中，元件/模型库管理，信号管理器、查看原理图三个窗口可以打开或者隐藏左侧栏区域。

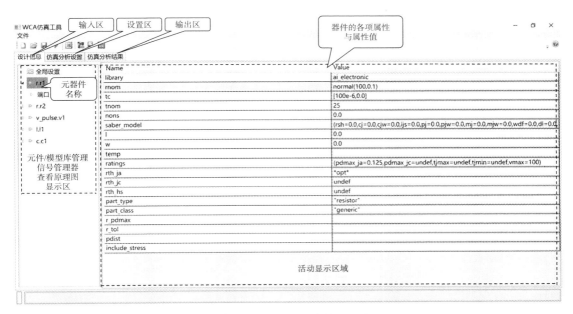

图 8 - 2　WCASim 的前端显示界面

8.3.2　仿真分析

该软件共提供五种仿真分析，分别是直流工作点分析、瞬态分析、灵敏度分析、蒙特卡罗分析以及应力分析，仿真分析设置的前端操作界面如图 8 - 3 所示。在每项仿真分析的次级选项中设置了"测量"选择对话框，分析人员可以勾选需要执行的测量项并进行测量项的设置，以实现仿真后信号的测量。以蒙特卡罗分析中的 Overshoot 测量为例，选中Overshoot，弹出的测量设置界面如图 8 - 4 所示。

所提供的五种仿真分析方法，可实现如下功能，设置界面如图 8 - 5 所示。

1）工作点分析：完成直流工作点分析。

2）瞬态分析：实现常态仿真，可进行瞬态分析时间、仿真步长及输入输出等有关设置。

3）灵敏度分析：用来检验某个模型参数发生变化时，对系统特性的影响。可选取分析参数、设定变化方式及是否显示报告。

4）蒙特卡罗分析：在模型参数值浮动范围内随机取样（取样点数目由用户设定），利用取得的参数值进行多次特征分析，检验元器件参数浮动对电路特性的影响。

5）应力分析：用来检验电路运行时的工作参数是否超过元器件的承受能力。即元器件的工作状态是否超过本身的额定负荷。

软件系统中提供"一键运行 WCCA 工作项目分析"选项，在可选择分析方法的对话框中，每种分析方法前有复选框，选中某几项即可按照顺序执行选中的分析。同时，该软件还支持设置全局变量的方式，完成电路工况要求的温度、辐射剂量、寿命设置，

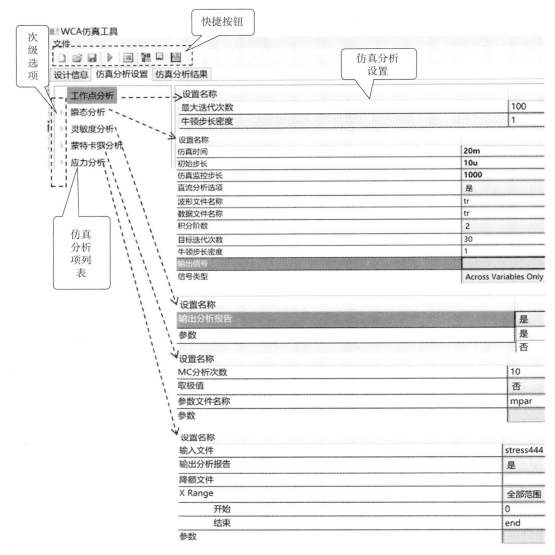

图 8-3 仿真分析设置的前端操作界面

WCASim 会自动将全局变量添加到原理图的元器件中。还可通过在原理图中按住"Ctrl"键，选中多个元器件构成一组，对其进行局部变量设置，设置内容同全局变量，局部变量的优先级大于全局变量。

8.3.3 结果查看与导出

此功能主要是进行结果查看及报告输出的管理，包括信号管理器、保存波形测量结果、瞬态分析报告查看与导出、灵敏度分析报告查看与导出、应力分析报告查看与导出、网表文件查看与导出、元器件清单及详细参数报告的查看与导出，分析报告查看界面示例，如图 8-6 所示。

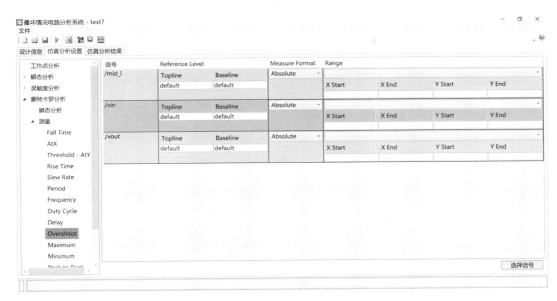

图 8-4　仿真分析中测量设置界面示例

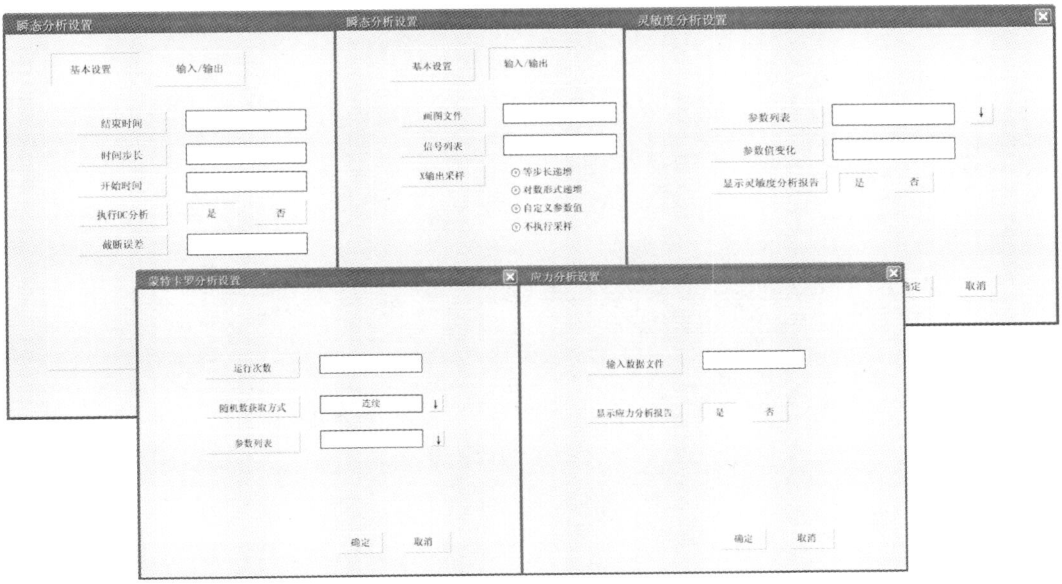

图 8-5　仿真分析设置界面示例

　　仿真分析的波形、测量结果、报表最终将直接存储到定义好的 WCASim 报告模板中以 Excel 格式输出结果，示例如图 8-7 所示。

　　从图 8-7 中可以看到，输出分析结果 Excel 表分为六个选项，其中"概览"显示工程项目的基本情况，各项分析报告的 Excel 表中内容格式与图 8-7 中内容格式相同。

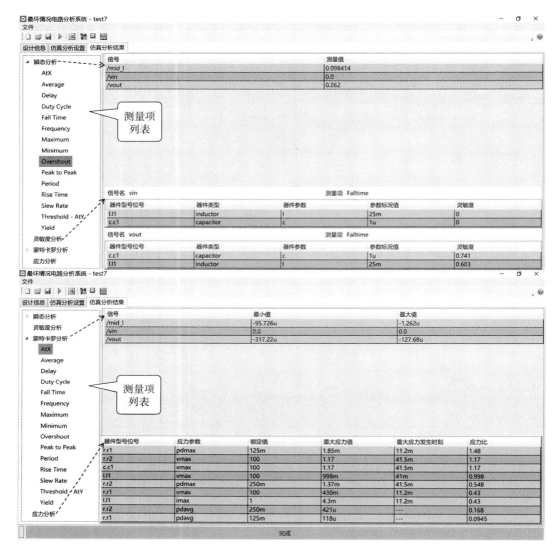

图 8-6　分析报告的查看界面

8.3.4　管理工具

模型库管理工具为文件、用户管理、模型管理、文档管理、应用交流和编辑。用户管理中可创建/更改管理员身份，已获得更高使用权限；模型管理中用户可以创建或打开一个库，并可以通过右键菜单添加、改造已有模型，删除库和模型，以实现模型的扩展使用。图 8-8 给出了模型库管理窗口界面。

8.3.5　辅助功能

除了上述的四项主要功能外，WCASim 还提供了三项辅助功能，分别是链接 Saber Sketch、链接 Cosmos Scope 和 Help 功能。图 8-9 给出了三种辅助功能的用户界面。

图 8-7　输出结果报告示例

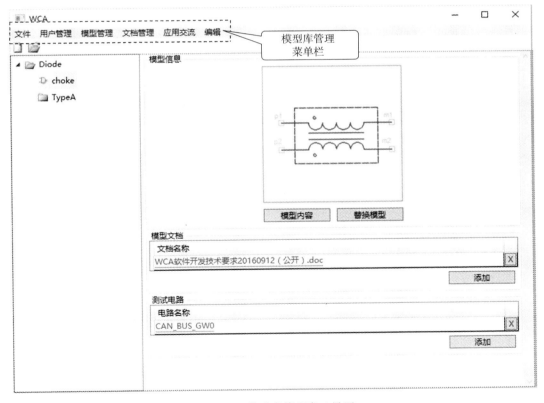

图 8-8　模型库管理窗口界面

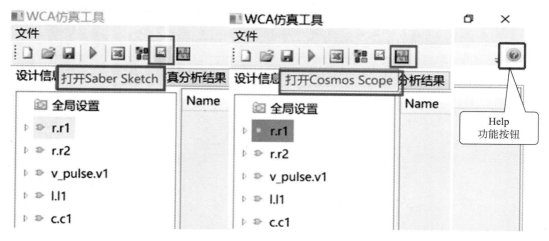

图 8 - 9　辅助功能的用户界面

8.4　本章小结

在最坏情况电路分析过程中，随着元器件数量及规模的增大，逻辑关系复杂度的增加，如果单纯依靠人工方法进行最坏情况电路分析，将会越来越困难，必须借助计算机软件工具来辅助分析。由于最坏情况电路分析技术的复杂性，对分析人员的要求较高，同时相关经验与技术的完善需要一个累积过程，因此计算机辅助最坏情况电路分析系统仍然是一个需要逐渐完善、不断补充的系统。

最坏情况电路分析软件系统工具（WCASim）可实现的功能众多，对最坏情况电路分析具有很强的针对性。同时伴随着中国航天标准化与产品保证研究院最坏情况电路分析技术的发展，不断完善升级，今后将专注于进一步增加模型数量，不断提升最坏情况电路分析的自动化、智能化水平，大幅降低分析人员的工作量。

第9章 最坏情况电路分析案例

9.1 引言

本书编写组成员长期工作在航天电子系统可靠性仿真领域，在电子系统最坏情况电路分析方面积累了丰富的工程经验。为了便于读者在实际工作中应用最坏情况电路分析技术和方法开展分析工作，本章精心挑选了两个典型的工程分析实例，分别从分析对象的电路原理及组成特点、考虑影响的外界因素及关注项目、最坏情况分析过程及结果、结论几个方面进行了完整的介绍。

确定开展 WCCA 的电路范围主要根据任务的重要性、经费与进度的限制条件以及 FMEA 或其他分析结果，一般主要有：

1）严重影响产品安全性的电路；

2）严重影响任务完成的电路；

3）昂贵的电路；

4）采购或制作困难的电路；

5）需要特殊保护的电路。

根据上述准则，在航天领域需开展最坏情况分析的电子系统主要有载人飞船、高可靠性火箭、长寿命通信卫星平台、导航卫星等型号的控制、推进、电源、测控系统关键电子设备。

以下分别以某型号电源分系统、某型号控制分系统综合控制器为例，具体阐述最坏情况分析的要点、开展情况和效益。

9.2 某型号电源分系统最坏情况分析

电源分系统是某型号的关键分系统，它担负着为该型号的其他分系统和有效载荷供电的重要任务。它供电质量的优劣直接影响整个型号的工作状态，因此对电源分系统的性能和可靠性指标要求很高。

9.2.1 电路原理及组成特点

长期工作的型号电源分系统一般采用光伏电源系统，即太阳电池阵/蓄电池组电源系统，发电部分是太阳电池阵，储能部分是蓄电池组，还有完成电压调节和充放电控制的控制电路部分。

型号在轨运行阶段，光照区由太阳电池阵的供电部分经供电控制设备调节后向负载供电，充电部分经充电控制设备向储能蓄电池充电；阴影区或负载功率大于太阳电池阵输出功率时，由储能蓄电池组经放电调节设备向负载供电，如此循环下去。

电源控制器（PCU）采集电池组的电压和充电电流值，控制分流开关的开通与关断。当蓄电池组需要充电时，PCU控制分流开关关断，太阳电池阵输出功率首先满足负载需要，剩余功率为蓄电池组充电。如果太阳电池阵的输出功率不能满足负载需要，蓄电池组参与放电，联合供电。当蓄电池组充满电后，太阳电池阵输出功率只满足负载需要，多余功率由PCU控制对地分流。

以某SAR（合成孔径雷达）型号为例，其采用不调节单母线结构，配备三结砷化镓太阳电池阵、2组锂离子蓄电池组、1台电源控制器、滤波电容阵、配电器、滤波器、二次电源变换及负载组件等。

其电源分系统如图9-1所示，电路可分解为：

1）太阳电池阵分流控制器；

2）蓄电池组充放电变换器；

3）负载类配件，包括恒功率、恒电流或电阻；

4）功率分配与保护配件，包括线缆、继电器、熔断器、远程功率控制器等；

5）控制回路；

6）太阳电池阵；

7）蓄电池组。

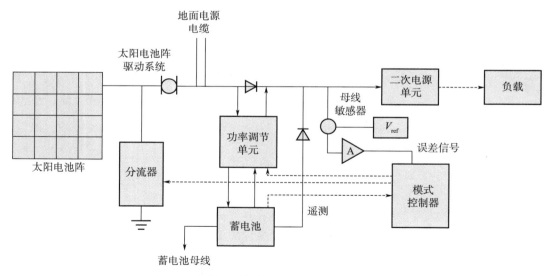

图9-1　电源分系统结构原理图（完全调节母线）

9.2.2　考虑的影响因素及关注项目

（1）考虑的影响因素

①温度

1）太阳能电池阵：$-165\sim+65℃$；

2）电源控制器：$-10\sim+50℃$；

3）蓄电池组：$-10\sim+20℃$；

4）配电器：$-5\sim+50℃$；

5）分流调节器：$-30\sim+60℃$。

②元器件参数漂移

考虑电阻电容、继电器动作时间和电压、晶体管阈值电流和开启电压等参数的漂移。

③辐射效应

太阳电池阵性能随粒子通量的增大而衰减，但不是线性关系。损失在早期最严重。撞击粒子使光伏电池的晶格结构产生缺陷。产生的缺陷降低了电池的电压和电流输出。低能粒子造成的损伤接近表面，会降低开路电压。高能粒子深入基区，减少了电子空穴对的寿命，因此会降低短路电流。辐射剂量随年度的累积而导致发电能力的持续下降。

（2）选取的关注项目

①光照区和地影区

SAR 型号高稳定度不调节母线的恒功率负载、负载突减和负载突加、负载脉动模式下，母线电压和负载电流的瞬态特性。

②浪涌电流

分析开关机、负载突然变化时，浪涌电流的大小是否超出设计要求范围。

③元器件应力分析

在系统工作过程中，由于各种环境应力、产品结构域散热设计上的缺陷，常会导致元器件的工作电应力超出允许范围，瞬时的过电应力和热电综合应力，常会造成元器件永久失效，较高的电应力也会加快元器件的损耗失效，因此应对电路的各个工况条件进行电应力降额分析，充分掌握元器件的电应力状况，如电流、电压、功耗、结温等，确保元器件工作在安全应力范围内。

9.2.3　最坏情况分析过程及结果

按照本书第 3 章的最坏情况电路分析技术流程对分析对象开展分析工作，对于卫星电源分系统来说，其电路中的太阳电池阵、蓄电池组和控制器模块的建模方法较为特殊，以下分别进行阐述。

（1）太阳电池阵模型

模型需要考虑太阳电池片的固有特性、轨道的光照情况、太阳电池翼的定向设计、太阳电池阵的热设计、辐射损伤以及方阵的衰减系数等具体情况。

太阳电池阵模型如式（9-1）所示

$$I = I_{SC}\left\{1 - C_1\left[\exp\left(\frac{V}{C_2 V_{OC}}\right) - 1\right]\right\} \tag{9-1}$$

式中　I——太阳电池阵输出电流；

　　　V——太阳电池阵电压；

　　　I_{SC}——短路电流；

　　　V_{OC}——开路电压；

　　　C_1，C_2——电池特征参数。

（2）蓄电池组模型

蓄电池组模型如式（9-2）和式（9-3）所示。其中式（9-2）为放电模型，式（9-3）为充电模型。

$$E_d = E_0 - K\frac{Q}{Q - Q_{dis}}i_d - K\frac{Q}{Q - Q_{dis}}Q_{dis} - A\mathrm{e}^{-BQ_{dis}} \tag{9-2}$$

式中　E_d——放电电压；

　　　E_0——初始电压；

　　　K——蓄电池内阻，取 0.012 Ω；

　　　A——指数点电压，取 3.6 V；

　　　B——容量在指数点电压，取 96 Ah；

　　　i_d——放电电流；

　　　Q——蓄电池最大容量，取 120 Ah；

　　　Q_{dis}——放电容量。

$$E_c = E_0 - K\frac{Q}{Q_{ch} + 0.8Q}i_c - K\frac{Q}{Q - Q_{ch}}i_c - A\mathrm{e}^{-BQ_{ch}} \tag{9-3}$$

式中　E_c——充电电压；

　　　i_c——充电电流；

　　　Q_{ch}——充电容量。

（3）控制器模型

控制器模型主要包括分流仿真模块和恒压恒流充电驱动仿真模块。其中不调节母线的分流仿真模块如图9-2所示，不调节的恒压恒流充电驱动仿真实现模块如图9-3所示。

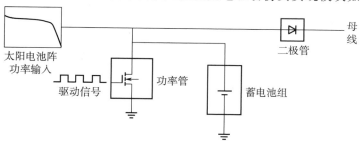

图 9-2　不调节的分流仿真模块

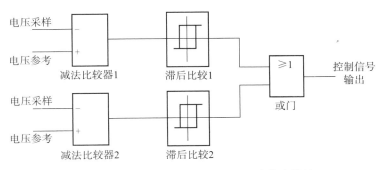

图 9 - 3　不调节的恒压恒流充电驱动仿真模块

完成电路模型建模后，针对 9.2.2 节中的关注项目采用相应方法开展最坏情况仿真分析，结果如下：

①母线电压波动

根据母线负载可能出现的最坏情况，分别考虑光照区负载骤减和地影区脉动负载两种情况，仿真结果如图 9－4 和图 9－5 所示。从仿真结果可知，在光照区和地影区，SAR 载荷工作时，母线稳态纹波小于 250 mV，母线的瞬态跳变在 0.5 V 以内。

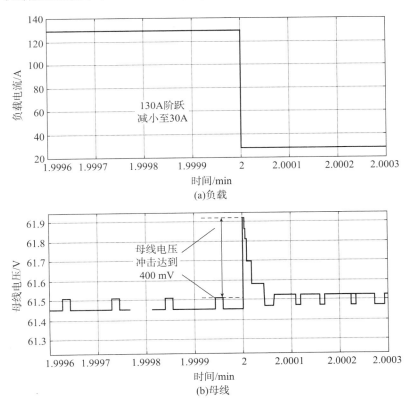

图 9 - 4　光照区时 SAR 不调节母线负载突减

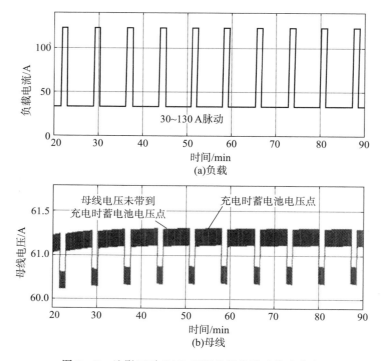

(a)负载

(b)母线

图 9-5　地影区时 SAR 不调节母线脉动模式仿真

②浪涌电流

对电路中负载变化时产生的浪涌电路进行分析，通过最坏情况仿真分析，仿真结果如图 9-6 所示，可得开机瞬间的浪涌电流在峰值达到了 6.3 A 左右。

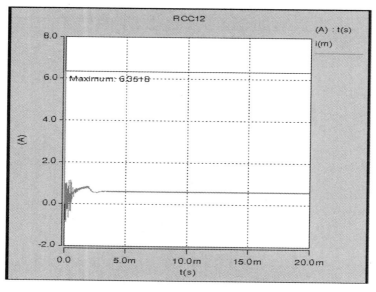

图 9-6　开机时浪涌电流仿真图

③元器件应力分析

电路中元器件应力情况也是重点关注的项目，通过应力分析，可以分析元器件的应力极值、过应力的百分比以及出现极值的时刻。元器件应力测试图如图 9 - 7 所示，图中 v3003 器件的 pdmax 在 72.2 ns 达到 1.39 k，过应力百分比达到 194 000％。

```
------------------------------------------------------------------
                     Derated    Actual              Stress    Bar-chart
Instance     SM Name Value      Value       At      Ratio (%) 0%      100%

q2n6798.v3003
             pdmax   714m       1.39k       72.2n   194000    XXXXXXXXXX
d1n4148.d3003
             tjmax   175        3.63k       50.6u   2400      XXXXXXXXXX
d1n4148.d3003
             pdmax   500m       12          50.6u   2400      XXXXXXXXXX
mj15022.v3002
             tjmax   200        613         217u    336       XXXXXXXXXX
bzx79a4v3.d3004
             pdmax   400m       784m        235u    196       XXXXXXXXXX
q2n6798.v3003
             vgsmax  20         36.5        36.4p   183       XXXXXXXXXX
bzx79a4v3.d3004
             tjmax   200        325         235u    171       XXXXXXXXXX
mbrs1100t3.d3005
             imax    10         15.8        41.3u   158       XXXXXXXXXX
q2n6798.v3003
             idmax   22         28.3        68.2n   128       XXXXXXXXXX
d1n4148.d3003
             imax    4          4.26        50.6u   106       XXXXXXXXXX
mj15022.v3002
             icmax   7.5        7.33        39.4u   97.7      ----------
mbrs1100t3.d3005
             iavg    1          822m        ---     82.2      --------
mj15022.v3002
             vcemax  200        122         217u    60.8      ------
mbrs1100t3.d3005
             piv     80         47.5        62.4u   59.4      ------
q2n2222.v3001
             vcemax  30         13.2        8.32m   44        ----
mj15022.v3002
             vcbmax  350        121         217u    34.5      ---
------------------------------------------------------------------
```

图 9 - 7　元器件应力测试图

9.2.4　结论

以下从三个关注项目，对照设计要求分别给出分析结论：

（1）母线电压波动

对于型号平台负载，一般能够承受的母线纹波大于 600 mV，瞬态跳变大于 2 V。通过仿真得到母线稳态纹波小于 250 mV，母线的瞬态跳变在 0.5 V 以内。因此，单母线不调节电源系统能够满足平台负载及 SAR 载荷对母线的需求。

（2）瞬态电流

母线电流的极大值设计时一般要求控制在 1 A 以内，而仿真得到在开机瞬间浪涌电流达到 6 A，远超设计的极限值，设计人员需完善相关电路的稳流设计。

（3）元器件应力分析

与元器件数据手册中最大应力要求进行比对，仿真结果（图 9 - 7）表明 v3003、d3003、d3004、d3005 出现了不同程度的过应力，严重过应力的时刻也进行了标注。方便设计人员分析产生过应力的原因，并选择合适的器件类型，从而保证应力满足要求。

　　通过开展最坏情况电路分析，可以仿真分析出卫星电源分系统电路在外界条件变化、负载变化、元器件参数变化等诸多影响的极限条件下，母线的电压电流是否仍满足卫星负载对于电源品质的需求，从而保证整个卫星平台负载可以稳定工作。另外元器件应力分析也可以帮助设计师更好地完成元器件选型工作，保证了元器件在留有充分的裕度下可靠工作。

9.3　某型号控制分系统综合控制器最坏情况分析

　　型号控制分系统的功用是保证型号在内外干扰和实际环境条件下，将有效载荷准确地送入预定的轨道。目前，型号多采用自主式控制系统，实现制导、姿态控制和测试发射控制功能，由敏感元件、箭载计算机（或综合控制器）、供配电装置、执行机构和测试发射控制系统组成。

　　其中，型号所载计算机（或综合控制器）作为控制系统的核心部件，其在外部环境变化、参数漂移和输入漂移等极端情况及其组合下，功能仍可满足设计要求，是保证任务成功的关键，因此有必要针对箭载计算机（或综合控制器）电路开展最坏情况分析。

9.3.1　电路原理及组成特点

　　随着航天技术在国民经济建设中越来越广泛的应用，对进一步降低型号的成本，提高型号的性能和安全可靠性提出了越来越高的要求。新的高可靠性集成元器件的使用，计算机软、硬件技术及总线的应用，使综合控制器可以向高可靠性、小型化、高精度、智能化、集成化方向发展。

　　目前，型号综合控制器一般由 CPU 模块、总线通信模块、电源模块、A/D 数据采集模块、输出模块构成，如图 9-8 所示。在处理器的选型上，目前型号综合控制器主要采用 DSP 处理器作为主控单元，DSP 芯片及其内部运行的软件程序实现控制算法。同时，选用 FPGA 作为协处理器，执行 A/D 转换、D/A 转换、离散量输入输出接口等功能。由于 MIL-STD-1553B 总线数据传输采用报文方式可提高信息传输效率，且具有检错、纠错、重发等功能，简化箭载计算机和各单机本身的容错算法，从而提高实时性能，因此型号等众多航空航天电子系统使用 MIL-STD-1553B 总线作为火箭数据总线。

　　以某型号二级综合控制器为例，其采用 DSP＋FPGA 作为控制核心，通过光耦隔离接收点火、起飞、转电、关机等开关量信号和二次电源回采值，锁存输出控制电磁阀开关，并通过 485 总线通信控制器回采电磁阀压力，最后将相关状态信息通过 1553B 总线反馈给箭载计算机。

　　电路可分解为：

1）DSP 芯片及软件；

2）FPGA；

3）1553B、485 总线控制器；

4）外围接口模拟电路，包括隔离光耦、复位电路、达林顿管、总线收发电路。

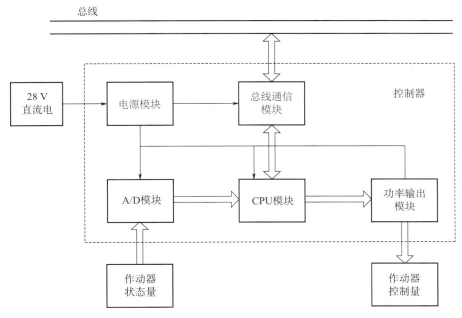

图 9 - 8　型号综合控制器电路组成示意图

9.3.2　考虑的影响因素及关注项目

（1）考虑的影响因素

①温度变化

1）控制系统温度变化范围：$-40 \sim +100\text{℃}$；

2）电阻温度系数：$\pm 10^{-4}\ \text{K}^{-1}$；

3）电容温度系数：一阶温度系数为 0.0013，二阶温度系数为 2.08×10^{-6}；

4）集成器件温度特性：具体参照器件手册。

②元器件初始容差

按照选型器件对应的质量等级，考虑电阻电容、继电器动作时间和电压、晶体管阈值电流和开启电压、器件信号延迟等参数的漂移。

（2）选取的关注项目

①时序参数是否满足

具体包括以下几点：

1）时钟信号输入的建立时间和保持时间，包括数据输入、同步设置、清除和使能；

2）时钟、异步设置和清除、负载输入和特定输入的脉冲宽度；

3）异步设置和清除结束到下一个时钟沿到来前的建立时间。

②接口裕度是否满足

不同类型器件的接口，必须考虑接口裕度，接口裕度的下降将导致电路对噪声更加敏感，也影响期间的正常运行。

③复位条件是否满足

具体包括以下几点：

1）需要考虑的因素，包括复位时间；

2）电平电压等级及上升时间；

3）上电荷复位后的外部命令误操作；

4）同步复位及振荡器启动时间；

5）复位释放时间。

9.3.3　最坏情况分析过程及结果

按照本书第 3 章的最坏情况电路分析技术流程对分析对象开展分析工作，对于型号电源分系统来说，其电路中 DSP 芯片及软件、FPGA、1553B 总线控制器模型的建模方法较为特殊，以下分别进行阐述。

（1）DSP 芯片及软件模型

梳理软硬件接口、流程图和状态转移图，在 Saber 中通过编写 MAST 语言代码实现。对于算法复杂的模块，或者具有存储特性的模块，需要采用 C 语言编写模型生成 dll 文件，通过读写文件的方式实现。

（2）FPGA 模型

通过状态机实现 FPGA 的功能，并用硬件描述语言 VHDL 实现。Saber 仿真环境支持与当前主流的数字电路仿真器来协同仿真，包括 Cadence 的 Verilog – XL，Model Technology 的 Modelsim 等。

（3）1553B 总线控制器模型

模型重点关注芯片间读写的时序是否满足要求（如建立时间、保持时间、信号脉宽等），建立芯片输入与输出信号间准确的功能时序模型。

模拟 1553B 总线控制器接到箭载计算机发送的 16 位时序信息，并产生中断 int_1553，判断输入的 1553 地址信号（a0～a15）及控制信号（rw_1553、cs_1553、strb_1553 等）有效后，读或者写总线上数据（d0～d15），数据读写完成后输出 rdy_1553。芯片读写过程中，信号的时序满足数据手册中时序图的要求。

利用状态机完成对输入信号的监测、内部逻辑跳转，实现输入与输出信号间的功能时序模型。最后用硬件描述语言 MAST 实现上述状态机。

（4）数字芯片接口电气特性建模

建模采用参数化调用相关工艺（CMOS/TTL/ECL）的模型，实现不同器件输入输出引脚的电气特性。根据对应芯片数据手册中的逻辑门输入为高电平时的电流 I_{IHmax}、逻辑门输入为低电平时的电流 I_{ILmax}、输出高电平 V_{OH}、逻辑门输出为高电平时的负载电流 I_{OH}、输出低电平 V_{OL}、逻辑门输出为低电平时的负载电流 I_{OL} 等数据，对通用接口模型中的参数进行相应修改，完成对应芯片接口电气特性模型的建模。

完成电路模型建模后，针对 9.2.2 节中的关注项目采用相应方法开展最坏情况仿真分析，结果如下。

①时序参数是否满足

采用极值分析法，分析各时序参数可能存在的最坏情况。本示例中，在 DSP 读 485 通信控制器数据时，相关的时序参数包括 t_{SU}（RDY - H1H）、t_h（H1H - RDY）、t_{SU1}、t_{w4}、t_{h2}、t_{SU}（D - H1L）R、t_h（H1L - DATA），其含义如图 9 - 9 所示。其中从 485 _ IOR＝1 到 485 _ CS＝1 的保持时间，最坏为 0 ns（如图 9 - 9 中 t_{h2} 所示）。

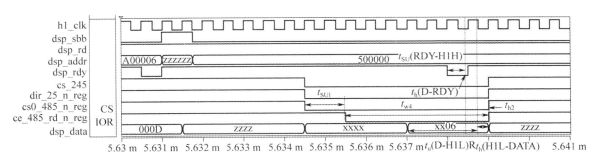

图 9 - 9　DSP 读 485 时序最坏情况仿真图

②接口裕度是否满足

采用蒙特卡罗分析法，分析不同类型器件间接口裕度在器件参数漂移和温度变化下是否仍满足设计要求。

如图 9 - 10 所示，在参数漂移下，FPGA 输出高电平的最小值 3.017 5 V，FPGA 输出低电平的最大值 0.008 7 V，满足要求。

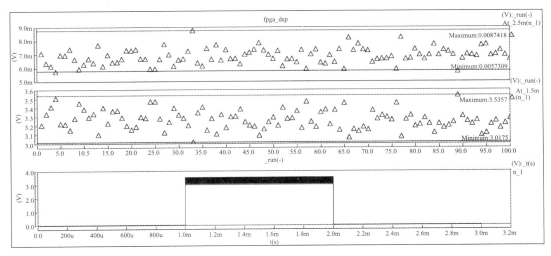

图 9 - 10　FPGA 驱动 DSP 接口电压仿真图

③复位条件是否满足

上电复位输出结束 syn _ rst _ out 的时间是 power _ reset 从 1 变到 0 时间再加上计数器计满的 400 ms 和三个 50 MHz 时钟周期，其由上电复位电路决定，具体参数包括电容大小、滞环中的 V_{T+} 值等。

如图 9 - 11 所示，power _ reset 复位信号结束时间范围为 73.43～85.16 ms。

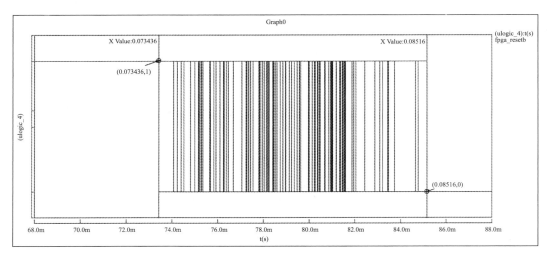

图 9 - 11　power _ reset 上电复位结束时间仿真图

9.3.4　结论

以下从三个关注项目，对照设计要求分别给出分析结论。

（1）时序参数是否满足

仿真得到的从 485 _ IOR＝1 到 485 _ CS＝1 的保持时间，最坏为 0 ns。而 485 控制器数据手册中此项保持时间要大于或等于 20 ns。通过仿真可知，此项保持时间不满足要求，实际电路会产生信号毛刺，功能异常，需要设计师更改 485 控制器相关信号的时序，使其满足数据手册要求。

（2）接口裕度是否满足

在 FPGA 驱动 DSP 时，FPGA 输出高电平的最小值 3.017 5 V 大于 DSP 要求输入高电平最小值 2.31 V，满足要求。FPGA 输出低电平的最大值 0.008 7 V 小于 DSP 要求输入低电平最大值 0.99 V，满足要求。同理对其他器件间接口裕度进行分析，未发现不足情况。

（3）复位条件是否满足

整个电路只需 100 ms 就可以完成全部复位，使仿真得到的复位脉宽远大于设计要求，留有充分裕度，可保证各器件完成复位动作。

通过开展最坏情况电路分析，可以仿真分析出火箭控制分系统综合控制器电路在电源波动、温度变化、元器件参数漂移等诸多影响的极限条件下，各器件信号的建立保持时间是否满足数据手册要求，器件间的接口裕度是否达到要求，复位时间是否可以完成充分复位等，从而保证整个控制器电路功能稳定、正确，避免异常逻辑的出现，这对火箭发射的任务成功至关重要。

9.4　本章小结

本章分别以某型号电源分系统和某型号控制分系统综合控制器为例，分别详细阐述了两类电子系统不同的电路组成特点、需重点关注的电路性能参数以及对应的外界影响因素、最坏情况分析过程以及可以给出的分析结论，明确了典型航天电子系统开展最坏情况电路分析的要点、分析过程和效益，可供读者在最坏情况电路分析技术工程应用时参考。

需要注意，上述案例作为典型的航天电子电路，分析方法流程是典型的 WCCA 技术流程，分析的关键是有效的参数数据库和模型库。但针对电路开展的最坏情况分析，还不能完全解决系统级的问题，航天电源分系统、控制分系统是航天型号产品的关键分系统，系统组成复杂，通常是机、电、磁、软件集成的复杂系统，并且内部关联性强，由于内部单机、模块之间的关联造成的裕度设计不足和降额设计不足问题时有发生，因此针对全系统开展系统级 WCA 十分必要，系统级 WCA 也正处在研究阶段，系统及建模、系统级边界确定方法也是未来重点研究方向。

第10章 最坏情况电路分析技术展望

10.1 引言

目前,最坏情况电路分析技术的概念得到了不断地延伸,基于最坏情况的概念也发展了许多新的技术方向,本章对几个主要的技术方向做简单介绍。

10.2 软硬件协同最坏情况验证技术

集成电路的设计过程是将一组设计规范转换为规范实现的过程,而验证是一个与设计相反的过程,它从一个实现方案开始,并确认该实现方案是否满足其设计规范。在设计的每一步骤都有验证与之对应,设计验证包含很多方面,如功能验证、时序验证、布图验证及电学验证等。而在这几种验证工作中,功能验证处于非常重要的地位。功能验证的目的就是确保设计实现的功能与设计规范所定义的功能一致,或者说,是检验经过人工翻译或工具翻译后的设计与翻译前的设计规范是否一致。

设计流程中,设计模型从市场需求到流片生产之间经过了几种形式的转化。工程师首先根据市场需求做芯片系统功能定义,即设计规范、架构设计和软硬件划分,然后做RTL逻辑功能设计,再用逻辑综合工具把逻辑设计转换成电路网表,最后做物理设计生成GDS文件。在这个流程中,利用综合工具把RTL代码映射成电路门级网表,同时用形式验证工具做等价性验证,保证门级网表的逻辑功能和RTL逻辑功能完全等价。逻辑综合工具和形式化等价验证工具经过多年的发展都已非常成熟,并且有着许多成熟的EDA工具的支持。到门级网表以后,使用自动布局布线工具把网表映射到物理版图,并做相应的优化及信号完整性分析,这一过程同样具有成熟的工具支持。而系统功能的定义一般采用自然语言,设计工程师使用RTL描述才实现自然语言到一种机器可读的逻辑转换,自然语言容易产生歧义,不同的工程师也会有不同的理解,因此从系统功能定义到RTL描述是整个设计流程中最容易引入错误的环节。集成电路的设计流程中设计模型的转换如图10-1所示。

仿真是设计人员最常见的IC验证技术,也称为动态验证。它可以分为很多类,从设计级别层次上,可分为系统级仿真、单元级仿真与模块级仿真;从仿真方法上,又可以分为基于时钟周期(Cycle-based)的验证、基于事件的验证、基于断言的验证、软硬协同仿真等,而软硬件协同仿真是目前研究的热点。

传统的芯片开发流程,硬件与软件的开发进程是串行的,硬件开发完成之后,才由软

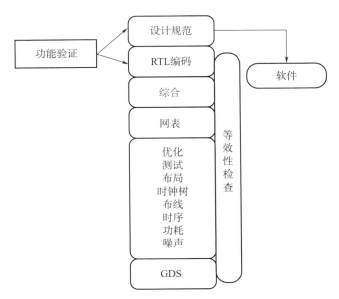

图 10 - 1　设计流程中的模型转换

件接手开发驱动。但是随着集成电路的不断发展，芯片规模的不断增大，开发周期的不断缩短等，使软硬协同并行开发很有必要。软硬协同仿真技术就是基于此而产生的，它可以使软件开发人员在硬件验证的时候就开始着手驱动的开发，也可以使硬件验证人员可以取得真实的激励，从而实现软硬件的同步调试。软硬协同最坏情况验证，是在软硬件协同验证平台上，验证集成电路在最坏情况下的功能性能是否满足设计指标要求。实施的要点包括硬件建模、软件建模及两者之间的数据传输。

10.3　机电一体化最坏情况分析技术

机电一体化就是在微电子技术向传统机械技术渗透的过程中逐渐形成并发展起来的一门新兴的综合性技术学科。目前机电一体化技术得到了普遍的重视和广泛的应用，应用机电一体化技术而生产出来的机电一体化产品，已遍及人们日常生活和国民经济的各个领域。机电一体化产品有着越来越复杂的产品结构，对使用条件和应用环境也有着越来越高的要求，因此，就会出现诸多的可靠性问题。

机电一体化是由机械学和电子学组成的，灵活地运用先进的计算机技术、电子技术、传感技术以及信息转换技术等，使其多项技术有效结合，研发出机电一体化设备，从而更好地带动该技术的发展。其中的虚拟样机技术是以计算机技术为基础，使其具有一定的功能真实度，更好地代替物理样机，并有效地推动建模和仿真领域的发展。

目前机电一体化最坏情况分析技术的两个主要发展方向：一是基于多平台的协同仿真分析方案，二是单平台混合建模方案，两个方案各有优缺点。

10.4　多物理场耦合最坏情况分析技术

10.4.1　概念

多物理场耦合（简称多场耦合）是指两个或两个以上的物理场交互作用、相互影响而形成的物理现象。只要多个物理场存在且发生能量交换，必然产生多场耦合系统（Multi-field Coupling System，MFCS）。多场耦合涉及机械、电磁、流体、热、声等学科，对产品性能有直接影响。专家认为，在未来 25 种新技术中，多场耦合问题将会受到高度重视。电子产品多物理场耦合仿真涉及 CAD/CAE/CAO、虚拟样机、软件集成、协同仿真、中间件、可视化等技术，其相关研究以系统建模为基础。多场耦合分析以各个基本物理场分析为基础，电子产品的基本场有位移场、电磁场、温度场、流场和声场。电子产品中存在流体运动与固体变形相互影响的流-固耦合，流体运动与温度场之间的流-热耦合，流场与声场相互作用的流-声耦合，温度场与结构变形相互作用的热-结构耦合，流场、温度场和声场相互作用的流-热-声耦合，温度场与电磁场相互作用的热-磁耦合，电磁场与固体结构相互作用的磁-固耦合等，各物理场的耦合关系如图 10-2 所示。

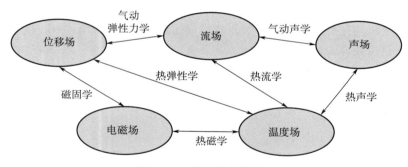

图 10-2　多场耦合关系图

多场耦合在自然界和工程实践中广泛存在。随着机电产品工作条件的日益恶化和仿真技术的发展，多场耦合问题引起了越来越多研究者的关注。特别是随着航天探索的深入，深空探测、临近空间飞行等电离过程引起的音障、声障、超声电离等高超转换问题，是未来多物理场耦合研究的重点和难点。

虽然耦合问题的求解方式发展速度很快，但总体上存在两个缺点：

1）整个耦合分析基本上是在一个软件内部以一种不透明的形式进行，这导致多场分析工具的应用受到较大限制。

2）现有的软件为了便于编程，在一种软件内部基本上只使用一种数值方法。但是，数值方法各有其适用范围，强求使用同一种方法只会降低求解效率，而效率是决定多场耦合方法能否实用的关键因素。

传统的多场耦合仿真大多集中在一个软件内部，操作较难且计算效率不高，协同设计方法是解决此问题的一个有效途径。

多场耦合问题有三种求解方法：域消除法（Field Elimination）、集成求解法（Monolithic or Simultaneous Treatment）和分区法（Partitioned Treatment）。域消除法使用积分变换或模态缩减法以消除一个或几个域，余下的域则用集成求解法。集成求解法在一个时间步内同时求解所有的方程，而分区法则在某一个时间内依次求解各个场，并在场之间传递耦合载荷。使用协同设计的方法进行耦合仿真，只能使用其中的分区法。

协同仿真是将来自于机械、控制、电子、液压、气动和软件等多个不同学科领域的模型"装配"成一个更大的仿真模型，完成多领域建模，使不同学科领域的模型相互协调，共同完成仿真运行。协同仿真的提出源于在多学科、多领域建模中仿真系统对异构模型的分布式交互需求，对这类系统的仿真需要不同领域的专业人员在非统一的计算机平台上建立混合异构层次化仿真模型，并在分布式的环境下完成复杂系统中异构模型信息交互的仿真过程。

在航天领域，航天器处在多物理场的相互影响下，在地面阶段，对航天器运行环境的仿真研究，可以很好地研究航天器可靠性运行状况，因此基于协同仿真的多物理场耦合问题的求解研究具有重要的现实意义。

例如，随着未来天地往返快速运输的需求，结合风洞开展技术研究是未来重要方向。WCCA 要考虑超高速、冰风洞等"极端环境"，并进行仿真模拟，是多物理场耦合研究的重要内容。此外开展极端环境分析条件建设，并进行相关的试验研究，可以对 WCCA 的结果进行验证，促进 WCCA 技术发展。

10.4.2　研究现状

自 20 世纪 90 年代末开始，国内外许多学者陆续对协同仿真的模式进行了深入研究。仿真模式主要分为两类：基于统一仿真语言的模式和基于接口的仿真模式。基于统一仿真语言的模式中有代表性的两种是 Modelica 语言和 χ（Chi）语言。1997 年 Peter Fritzson 和 Vadim Engelson 提出了 Modelica 语言，它统一了以往面向对象的建模语言，与其他语言相比具有三个明显优势：可进行基于微分和代数公式的非因果建模；多领域建模能力；是一个将面向对象、多继承以及模板统一包含在一个独立类结构中的一般原型系统。它虽然也支持离散时间模型，但更适用于对连续时间模型的仿真。2000 年由 D. A. van Beek 和 J. E. Rooda 提出的 χ（Chi）语言可实现连续时间模型、离散事件模型以及其他同时包含以上两者的模型的建模仿真。对于连续时间和混合系统，由 χ 语言建立的仿真器提供时间事件和状态事件处理、离散事件子阶段处理等；在实时控制方面，χ 模型可以在实时操作系统（如 VxWorks）上被编译运行。基于统一语言的多领域协同仿真的原理如图 10 - 3 所示。

基于统一语言的多领域协同仿真方法，虽然可以很自然地实现多领域建模，但必须要有相关的仿真软件支持，使建模人员利用可视化的图形界面能够方便地进行建模，但目前主要的问题是支持统一语言建模的商用仿真软件非常少，且主要局限于研究领域，实际应用并不多。

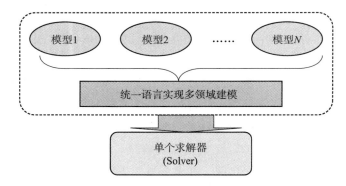

图 10-3　基于统一语言的多领域建模与仿真

　　基于接口的仿真模式中主要有 Global CAPE - OPEN、TOOLSYS、HLA 几种方法。基于接口的多领域协同仿真方法，首先采用某领域商用仿真软件进行该学科领域的建模，然后利用各领域商用仿真软件之间的接口实现多领域建模。当基于接口的多领域建模完成后，即可实现协同仿真运行，得到仿真运行结果。基于接口的多领域协同仿真的原理如图 10-4 所示。

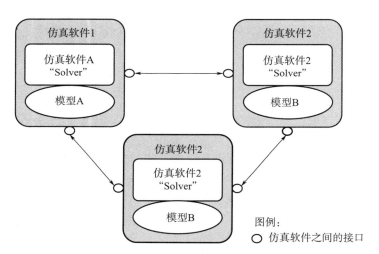

图 10-4　基于接口的协同仿真运行

　　基于接口的协同仿真存在诸多的不足，主要有：

　　1）仿真软件必须提供相互之间的接口才可能实现协同仿真运行。

　　如果某个仿真软件没有提供与其他仿真软件的接口，那它们就不可能实现协同仿真运行。如果出现一个新的仿真软件，就必须开发与其他仿真软件相应的接口，只有这样才可能实现协同仿真运行。

　　2）用于实现协同仿真的软件接口，往往为某公司所私有，不具有标准性、开发性，而且扩充困难。

　　3）各领域商用仿真软件开发的模型通常只能放在单台计算机上进行集中式仿真运行，不支持分布式仿真。

4）目前主流的商用软件提供的与其他领域软件的接口太少，最多只能做到两三个领域的多领域协同仿真运行。因此，迫切需要一种具有标准性、开放性、扩充容易的协同仿真运行方法。

Global CAPE‐OPEN 主要是进行连续或非连续时间建模和仿真，目的是推动基于组件的过程仿真和计算机辅助处理工程方面的开放标准接口发展。而多领域系统混合仿真的开放工具集（Open Toolset for Mixed Simulation of Multi‐domain Systems，TOOLSYS）工程则试图利用 VHDL‐AMS 去集成多领域系统模型。

10.4.3　发展趋势

相比之下高层体系结构（High Level Architecture，HLA）更具有通用性，它由美国国防建模与仿真办公室（Defense Modeling and Simulation Office，DMSO）提出，2000年成为 IEEE M&S 标准，HLA 作为一种先进的仿真体系结构，它在标准性、开放性、可扩充性和支持分布式仿真方面都有诸多优点，是当今分布式仿真中应用广泛的体系结构，它能够实现各类联邦成员在 RTI 下的即插即用，有较好的可重用性和互操作性，正是基于这些特点，建立在 HLA 环境下的协同仿真可以更好地实现多领域建模仿真过程。高层体系结构还具有多种时间管理机制，既支持连续系统仿真，也支持离散事件系统的仿真；既能用于硬件在回路（hardware‐in‐the‐loop）、人在回路（man‐in‐the‐loop）等对实时性要求较高的仿真，也能应用于以数学模型为主的非实时仿真。如果能将 HLA 作为仿真"总线"，各领域商用软件只需相应开发同 HLA 的接口，对现有软件模型的信息接口进行封装，无须改动其内部算法和实现机制，就可以很好地实现多领域的协同仿真，是目前复杂系统仿真的主要研究方向。基于 HLA 构件仿真平台，如图 10‐5 所示，结合最坏情况的概念和方法，开展分析，是目前的研究热点与方向。

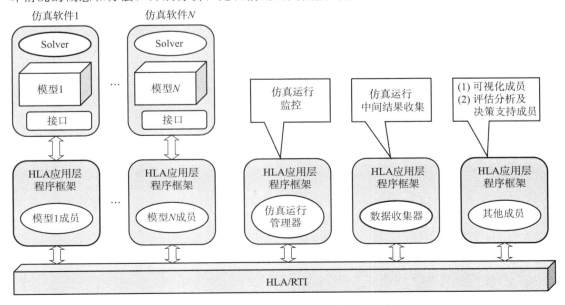

图 10‐5　基于 HLA 的协同仿真运行方案

　　此外，随着大数据技术的发展和应用，基于大数据支撑的建模方法将会有明显的进步，势必会引发在线建模和模型参照系统、控制技术的发展。

　　大数据的到来，为模型的建模、分析与验证提供了新的解决方案。基于相似性原理，利用数量巨大的案例数据可以得到仿真的逼真度数据和可信性数据，验证仿真的真实性，同时也验证各个模型的正确性。

10.5　本章小结

　　本章对最坏情况电路分析技术的发展方向进行了展望，目前该技术已经从最初的电路领域逐步推广到机、电、热等多物理域，并且随着嵌入式技术的发展应用，呈现出软硬件一体化的趋势。随着最坏情况电路分析技术的推广应用，最坏情况概念的应用领域将会越来越广，在产品设计、生产领域发挥越来越大的作用。

附　录

附录 A　最坏情况电路分析任务书示例

最坏情况电路分析任务书示例如表 A－1 所示。

表 A－1　最坏情况电路分析任务书示例

××最坏情况电路分析任务书

1　前言

（略）

2　引用文件

GJB/Z 89—1997《电路容差分析指南》；

GJB 450—1988《装备研制与生产的可靠性通用大纲》；

GJB/Z 223—2005《最坏情况电路分析指南》；

Q/QJA 721—2019《航天电子产品最坏情况电路分析指南》；

××电路研制任务书。

3　任务要求

3.1　目的

识别影响××电路性能及元器件应力的主要因素和薄弱环节，指出改进方向，提高设计可靠性。

3.2　分析对象及影响因素

（1）××电路部分的最坏电路情况分析；

（2）××电路最坏电路情况分析至少考虑以下因素对元器件参数的影响，包括初始误差、温度漂移、老化、辐照；

（3）××电路进行最坏电路情况分析时，若进行了模块划分，还需考虑每个模块的极限输入情况等因素对电路性能的影响。

3.3　分析内容

（1）××电路的元器件灵敏度分析；

（2）××电路的输入灵敏度分析；

（3）××电路的接口电路灵敏度分析；

（4）××电路的元器件参数漂移最坏情况分析；

（5）××电路的负载能力最坏情况分析；

（6）××电路的电源拉偏和开关机过程最坏情况分析；

（7）针对××电路中各种切换功能的最坏情况分析；

（8）针对××电路中各种保护功能的最坏情况分析；

（9）针对××电路中各种遥控、遥测功能的最坏情况分析。

3.4　任务输入

（1）受分析部分的电路图：包括××电路框图和其他分模块的接口，以及将它们连接起来的接口参数，或者经过签署的专门用于分析的图样；

（2）受分析部分的功能描述：包括××电路的工作原理、具体电路性能、特点等；

（3）元器件清单：受分析部分电路图中的元器件表，并提供其中进口元器件的引脚编号和电气参数；

（4）受分析部分的任务环境以及环境应力技术要求；

（5）元器件可靠性参数数据库：包括标称值、偏差、最坏情况极值、分布。

3.5　分析要求

××电路进行最坏情况分析时，对于可以用数学表达式表达的电路部分，需结合电路最坏情况条件，采用数学分析的方法得出电路最坏情况分析结论。此外××电路工作寿命不少于××年；工作温度范围为－××℃～＋××℃。对于不能准确用数学表达式表达的电路部分，可考虑采用仿真软件等方法加以分析。

3.6　计划进度要求

按照"××电路最坏情况电路分析技术服务合同"规定的计划进度执行。

3.7　交付要求

报告承制方在验收及交付阶段提供以下成果：

（1）××电路最坏情况实施方案报告；

（2）××电路最坏情况分析报告；

（3）××电路各电路板及系统仿真模型。

4　备注

附录 B　最坏情况电路分析输入数据要求示例

最坏情况电路分析输入数据要求示例如表 B-1 所示。

表 B-1　最坏情况电路分析输入数据要求示例

序号	需要的数据	用途
1	电路原理图	用于建立仿真电路图
2	元器件清单	用于建模
3	元器件参数的初始容差、温度漂移偏差、工作温度范围、工作寿命、辐照环境等	用于确定最坏情况边界
4	产品任务书、设计报告	用于理解设计
5	输入激励的波形数据、输入信号的波形数据或技术指标	用于最坏情况仿真
6	元器件的额定参数及降额值	用于应力分析
7	关键元器件的数据手册或试验测试数据	用于建模和模型测试

附录 C　最坏情况电路分析报告样式示例

最坏情况电路分析报告样式示例如表 C-1 所示。

表 C-1　最坏情况电路分析报告样式示例

××电路最坏情况电路分析报告简表	
编号：	报告密级：
部门编号：	分类号：
完成单位：	日期：
审查批准人：(学衔、职务或技术职称)	页数：
项目介绍	
项目概述： 研究目标： 分析内容： 任务要求： 依据文件：	
××电路最坏情况电路分析方法及过程 (含必要的分析图表)	
流程描述： 边界约定： 分析方法和任务说明： 项目实施过程总结： (包括××电路仿真模型的建立、设计要求、主要分析项目、具体的分析过程等)	
分析结论	
电路仿真模型测试结论： 电路仿真分析结论： (包括常态仿真分析结果、蒙特卡罗分析结果、应力分析结果、灵敏度分析结果等) 分析过程出现的过应力器件统计： (包括器件位号、参数名称、额定值、实际最大值、在电路中的位置、应力比等)	
分析者	设计方交流复核情况
签名　　　　　　日期	签名　　　　　　日期

附录 D　最坏情况电路分析元器件参数数据库

D. 1　适用范围

最坏情况电路分析元器件参数数据库用于最坏情况电路分析，包括元器件的参数信息。

D. 2　数据来源

数据可来自不同的渠道：

1）元器件生产厂商；

2）元器件优选目录；

3）最坏情况试验与测试；

4）参考国外相同的或类似的元器件型号的极值数据等。

D. 3　数据处理

元器件参数变化有两种类型：随机性变化和偏置性变化。随机性变化的大小可预计，其方向是不可预见的。偏置性变化的大小和方向均可预见。

各种原因导致的偏置性变化会同时存在，如高温、辐射等，其效应是可积累的，故应代数相加。

随机性变化也会同时存在。一般将其视为各自独立的正态分布，并在共同置信水平下求其均方根值。

用公式表示如下：

$$最坏情况最小值 = 额定值 + \sum\left[-偏置性偏差 - \left(\sum(随机性偏差)^2\right)^{1/2}\right]$$

$$最坏情况最大值 = 额定值 + \sum\left[+偏置性偏差 + \left(\sum(随机性偏差)^2\right)^{1/2}\right]$$

示例 1：某电容器最坏情况最大值、最小值的计算见表 D-1。

表 D-1　某型电容器最坏情况最大值、最小值计算

参数：电容	偏置性偏差／%		随机性偏差／%
	负	正	
25 ℃下初始电容	—	—	20
低温（−20 ℃）	28	—	—
高温（+80 ℃）	—	17	—
其他环境（高真空）	20	—	—

续表

参数:电容	偏置性偏差/%		随机性偏差/%
	负	正	
辐射	—	12	—
老化	—	—	10
总变化量	48	29	$\sqrt{20^2 + 10^2} = 22.4$

最坏情况最小值:$-(48+22.4)\% = -70.4\%$;最坏情况最大值:$+(29+22.4)\% = +51.4\%$

若电容额定值为 1 200 μF,则最小值$=355.2\ \mu$F,最大值$=1\ 816.8\ \mu$F

D.4　元器件参数的环境效应

D.4.1　确定影响元器件参数的主要环境因素

每个电子元器件的性能都对它当时的机电、电磁和电化学状态敏感。这些状态是它当时的环境条件和电应力的函数。大体上按对元器件影响的大小程度排序为:温度、老化(加电寿命)、辐射、力学(振动、冲击、加速度、旋转)、湿度、寿命(不加电)、真空、电应力等。

对不同的电子元器件其环境效应是不一致的,应分别获得主要环境对元器件参数的影响。典型元器件及主要环境影响见表 D-2。

表 D-2　元器件类型及主要参数变化源

环境因素	元器件类型							
	晶体管	二极管	数字集成电路	线性集成电路	电阻器	电容器	电感器	继电器
温度	√	√	√	√	√	√	√	√
老化(加电寿命)	—	—	—	—	√	√	—	√
辐射	√	—	√	√	—	—	—	—
力学	—	—	—	—	√	√	√	√
湿度	—	—	—	—	√	√	—	—
寿命(不加电)	—	—	—	—	√	√	—	—
真空	—	—	—	—	√	√	—	—
电应力	√	√	—	—	—	√	—	—

注:√表示元器件参数显著受环境影响,—表示元器件参数受环境影响不明显。

D.4.2　确定环境影响的性质

环境影响有随机性、偏置性及组合变化,应确定各环境因素对元器件各参数影响的性质。典型元器件参数受环境因素影响的变化类型参见表 D-3。

表 D - 3　元器件参数受环境因素影响的变化类型

器件类型	环境变化源	受影响的参数及变化类型
双极/场效应晶体管	温度	H_{FE}(偏置),V_{BE}(偏置),I_{CBO}(偏置),RDS_{ON}(偏置),V_{TH}(偏置)
	辐射	H_{FE}(偏置),I_{CBO}(偏置),V_{CE}(饱和)(随机 & 偏置),V_{TH}(偏置)
整流器/开关二极管	温度	V_F(偏置),TS(偏置),IR(偏置)
	辐射	IR(偏置),V_F(偏置)
稳压二极管	温度	V_Z(偏置,有时为随机),Z_Z(偏置)
电阻器	温度	电阻值(偏置 & 随机,随机)
	湿度	电阻值(碳化合物电阻)(偏置)
	老化(带电)	电阻值(偏置 & 随机)
	寿命(不带电)	电阻值(偏置 & 随机)
	真空	电阻值(偏置)
	机械	电阻值(偏置 & 随机)
电容器	温度	电容值(偏置和/或随机),ESR(偏置),DF(偏置)
	老化	ESR(偏置),电容值(偏置和/或随机)
	机械	电容值(偏置)
	电气	电压系数(偏置)
	真空	电容值(非气密)(偏置)
	湿度	电容值(偏置)
线性集成电路	辐射	电压、电流偏置(随机),A_{OL}(偏置)
	温度	电压、电流偏置(随机和偏置),A_{OL}(偏置)
数字集成电路	温度	上升/下降时间(偏置) 传输延时(偏置)
	辐射	传输延时(偏置)
磁性器件 (强烈依赖于材料)	温度	饱和磁感应强度(偏置) 磁导率(偏置) 磁芯损耗(偏置,非线性,非单调)
	老化	饱和磁感应强度(偏置,非常小)
	机械	磁导率(偏置) 饱和磁感应强度(偏置)
继电器	温度	吸合/释放电流/电压(偏置) 机械接触电阻(偏置) 接触电阻(偏置,次生效应)

注:H_{FE}—增益;V_F—前向电压;ESR—串联等效电阻;I_{CBO}—集电极-基极饱和电流;T_S—存储时间;DF—耗散因数;RDS_{ON}—漏级-源极导通电阻;I_R—反向电流;A_{OL}—开环增益;V_{TH}—阈值电压;V_Z—齐纳电压;V_{CE}—集电极-发射极电压;Z_Z—齐纳阻抗。

D. 5　元器件的选取范围

航天用元器件众多，采用的标准不一致，元器件的质量等级及可靠性水平也不一致。因此，必须规定一个合适的范围。该范围应按照《航天型号电子元器件选用目录》规定选取，再包括专用元器件、特殊元器件。

在《航天型号电子元器件选用目录》中，元器件分为"优选""推荐"和"保留"。应主要考虑"优选""推荐"的元器件。

D. 6　元器件参数选取范围

元器件的参数非常多，比如晶体管至少有30多个参数；不同的元器件又有不同的参数，且元器件有许多类，每类又有许多种。在众多的参数中，有的参数是主要的，有的参数是次要的。因此，在建立元器件参数数据库时，必须合理地选择元器件的参数。

D. 7　元器件参数数据库格式

以晶体管为例，元器件参数数据库格式见表D-4。

表 D - 4　元器件参数数据库格式

最坏情况电路分析元器件参数数据库				
用户元器件编号		元器件类型:晶体管		
供货方元器件编号		种类		
供货方		数值范围		
		本页数值		
直流正向电流增益,h_{FE}				
交流正向电流增益,h_{fe}				
最坏情况:	最小=		最大=	
参数 I_{CBO}			关于数据源的注释	
初始值				
温度漂移				
辐射漂移				
总漂移量				
最坏情况	最大 =			
参数:$V_{CE. SAT}$	偏置 V		随机	关于数据源的注释
	负	正	V	
初始值				
辐射漂移				
总变化量				
最坏情况	最小 =	,最大 =	($I_C=$　　mA)	
备注				

附录 E　最坏情况电路分析用模型库

E.1　概述

目前国内外针对电子产品开展的最坏情况仿真分析，往往由于缺少相应的模型使得应用受限。因此模型库的建立与维护是开展最坏情况电路分析工作的基础。

元器件仿真模型库是由采用基于模型的计算机仿真分析方法的单个元器件仿真模型构成，可以作为最坏情况电路分析软件工具的一部分，用于在计算机软件平台上搭建电路的虚拟样机。

E.2　模型库建立原则

模型采用 MAST、VHDL-AMS 等语言格式，可以直接在 Saber、Modelsim 仿真平台上运行，还可以通过协同仿真接口与 Matlab 等软件进行联合仿真。最坏情况仿真元器件仿真模型库中的模型为通用模型，可以很方便地通过参量化模板、宏模型等方式构建其他元器件模型，通过扩展使用，可以大大丰富模型库中模型的种类和数目。此外，模型库有配套的数据手册、使用说明及测试文档等技术文档以及模型库管理工具及使用手册，方便了模型库的使用。

E.3　模型库构建方法

模型库构建的实施方案如下。

（1）制定元器件的数据手册

根据厂商发布的数据手册及试验测试数据来制定元器件的数据手册，包括元器件的功能描述，外形、尺寸与引脚描述，额定参数，典型的测试参数及测试曲线，功耗及散热参数，温升效应对电学性能参数的影响，辐照效应对电学性能参数的影响，老化因素对电学性能参数的影响等。

（2）建立元器件的仿真源文件

对集成元器件采用宏模型的建模方法，搭建宏模型电路进行行为级模型建模；对分立元器件采用 MAST 或 VHDL-AMS 语言，通过编写仿真 SIN 文件以及 Sym 文件进行行为级或物理级建模。

（3）元器件模型测试

搭建元器件的典型测试电路，设定不同的温度、老化、辐照、激励偏差等因素，在各种工况下对元器件模型中的各项性能进行逐一测试，并撰写测试报告。

（4）元器件模型应用验证

搭建元器件的功能应用验证电路，将元器件的仿真数据与试验测试数据进行比对，验证元器件模型应用的正确性和准确性，并对模型的精度进行修正，撰写验证报告。

E.4 模型类别划分

依据中国航天科技集团公司标准 Q/QJA 40.1—2007《航天型号配套物资分类与代码 第1部分：电气、电子和机电元器件》中的要求，航天电子产品元器件模型要涵盖以下 20 大类：

（1）集成电路

1）数字集成电路：TTL 电路、ECL 电路、CMOS 等 3 细类；

2）模拟集成电路：运算放大器、仪用放大器、电压调整器、压控振荡器、模拟开关、脉宽调制电路、调制/解调电路、晶体管阵列等 8 细类；

3）微型计算机与存储器：存储器、中央处理器、微处理器、微控制器、数字信号处理器、可编程门阵列等 6 细类；

4）接口集成电路：电压比较器、接口电路、外围接口电路、电平转换器、数-模（D-A）转换器、模-数（A-D）转换器、压-频（V-F）转换器、频-压（F-V）转换器、线接收器等 9 细类；

5）微波单片集成电路：放大器、振荡器、开关、移相器等 4 细类；

6）通用混合集成电路：DC/DC 转换器、功率放大器、滤波器等 3 细类。

（2）半导体分立器件

1）普通二极管：整流二极管、开关二极管、电压调整二极管、电流调整二极管、电压基准二极管、变容二极管、瞬态电压抑制二极管、桥式整流器等 7 细类；

2）双极型晶体管：高频小功率晶体管、小功率开关晶体管、高反压小功率晶体管、低频大功率晶体管、高频大功率晶体管、大功率开关晶体管、达林顿晶体管等 7 细类；

3）场效应晶体管：结型场效应晶体管、MOS 型场效应晶体管等 2 细类。

（3）光电子器件

1）光处理器件及组件：光电耦合器、光开关等 2 类；

2）光探测及组件：光敏二极管、光敏晶体管等 2 类。

（4）真空电子器件

微波电子管：速调管、行波管、磁控管等 3 小类。

（5）电阻器

1）固定电阻器：金属膜电阻器、氧化膜电阻器、普通线绕电阻器、精密线绕电阻器、功率线绕电阻器、电阻网络等 6 细类；

2）电位器：氧化膜电位器、金属膜电位器、精密线绕电位器、微调线绕电位器等 4 细类。

（6）电容器

1）固定电容器：聚碳酸酯电容器、聚苯乙烯电容器、涤纶电容器、复合介质电容器、瓷介电容器、云母电容器、钽电解电容器、铝电解电容器等 8 细类；

2）可变电容器：磁介微调电容器、玻璃釉微调电容器等 2 细类。

（7）电连接器

1）低频电连接器：低频圆形电连接器、低频矩形电连接器、印制板用电连接器等 3 小类；

2）射频电连接器：射频同轴电连接器、转接器等 2 小类；

3）分离（脱落）电连接器：圆形分离（脱落）电连接器、矩形分离（脱落）电连接器等 2 小类。

（8）继电器

1）电磁继电器：磁保持继电器、非磁保持继电器等 2 小类；

2）温度继电器；

3）时间继电器；

4）固体继电器：直流固体继电器、交流固体继电器等 2 小类。

（9）滤波器

石英晶体滤波器、压电陶瓷滤波器、声表面滤波器、机械滤波器、LC 滤波器、介质滤波器等 6 中类。

（10）频率元件

1）谐振器：石英谐振器等 1 小类；

2）振荡器：石英振荡器、压电陶瓷振荡器等 2 小类。

（11）磁性元件

电感器、磁心等 2 中类。

（12）开关

微动开关、行程开关、钮子开关、按钮开关、键盘开关、旋转开关、直键开关、微波开关等 8 中类。

（13）微波元件

功率分配器和功率合成器、隔离器、环行器、衰减器、波导及转换器、负载等 6 中类。

（14）微特电机

异步电动机、同步电动机、直流电动机、旋转变压器、自整角机、测速发电机、步进电动机、直流伺服电动机、直流力矩电动机等 9 小类。

（15）敏感元件及传感器

1）敏感元件：力敏元件、光敏元件、热敏元件、磁敏元件、湿敏元件、气敏元件、声敏元件、压敏元件等 8 小类；

2）传感器：压力传感器、温度传感器、加速度传感器、噪声传感器、电流传感器、电压传感器等 6 小类。

（16）电池

1）原电池：锂电池、锌银电池等 2 小类；

2）蓄电池：氢镍蓄电池、镉镍蓄电池、锌银蓄电池、铅酸蓄电池、锂离子蓄电池等5小类；

3）太阳电池。

（17）熔断器

管状熔断器、片状（厚膜）熔断器等2中类。

（18）电声器件

送话器、受话器、送受话器组等3中类。

（19）电线电缆

电线、电缆、电缆组件等3中类。

（20）光纤光缆

光纤、光缆、光缆组件等3中类。

E.5　模型库的管理与维护

在已开发的单个元器件仿真模型的基础上，开发一个元器件模型库图形化界面管理，以方便分析人员对模型库进行管理维护。

模型库管理工具总体实现数据库管理的功能，可以实现模型的添加、修改、删除、替换等功能，也可以在该界面下查看元器件模型的数据手册、使用说明及测试文档等相关文档资料，并且可以设置不同的人员权限。

定义、术语与缩略词表

定义与术语列表

术语	定义
环境温度	围绕元器件的介质温度
偏置量	具有确定大小和方向的数值量
器件参数	EEE 器件的电气性能参数
器件规范	一般指 EEE 器件的数据规范
设计寿命	电路设计任务周期的持续时间
有效老化数据	根据数据资料假定寿命和设计寿命推断的老化数据
数据资料假定寿命	由于老化和环境影响造成参数漂移的依据寿命
辐射	能量以波或粒子的形式由源向空间发射的现象,如捕获的电子、质子和太阳光子
随机变化值	幅值一定、变化方向未定的数值
参照条件	参数变化被假定为 0 时的相对条件
数组资料假定温度	数据资料给定参数变化时的温度
变化因素	生命周期内影响器件参数的因素
最坏情况	限定条件下给定控制参数的最高或最低边界值。注:最坏情况不包括故障和单粒子效应
最坏情况电路性能分析	电路在最坏情况下的性能预测
功能模块	电路中完成特定功能的部分器件组合
最坏情况电路分析	在设计限度内分析电路所经历的环境变化、参数漂移及输入漂移出现的极端情况及其组合,并进行电路性能分析和元器件应力分析
环境变化	包括温度、辐射、电磁、湿度、振动等的变化
输入漂移	包括输入电源电平漂移、输入激励的漂移等
参数漂移	因元器件的质量水平、元器件老化、环境以及外部输入引起的元器件参数变化

续表

术语	定义
极值分析	将所有参数设定为最坏值时对电路输出性能影响所做的分析在多参数情况下,需要所有参数变量的最坏情况组合方可得到最坏情况极值
参数最坏值	分为最大最坏值和最小最坏值
和平方根分析	一种统计方法,在元器件的所有参数相互独立,服从某概率分布(可未知),电路性能服从正态分布,已知各参数的均值、方差情况下,考虑参数对性能的影响(灵敏度),按标准差的平方和的平方根为电路性能的标准差,从而按正态分布得到性能参数在一定概率下的极值(如 3σ 为 99.7%)
蒙特卡罗分析	一种统计方法,在元器件的所有参数相互独立,服从某概率分布(已知),电路性能服从正态分布,经随机抽样产生各参数值,代入电路,计算电路性能,经重复多次,得到电路性能的分布参数值,从而得到性能参数在一定概率下的极值
最坏情况元器件应力分析	分析元器件在最坏情况条件下的应力极值,并判断是否超过了规定的额定值及是否符合降额要求
灵敏度分析	反映元器件参数变化对电路性能指标影响程度(包括大小和方向)的分析

缩略词列表

缩略词	英文全称	中文含义
CDR	Critical Design Review	关键设计评审
CTA	Circuit Tolerance Analysis	电路容差分析
EDA	Electronic Design Automation	电子设计自动化
EVA	Extreme Value Analysis	极值分析
EEE	Electrical，Electronic，Electromechanical	电气、电子和机电
EMC	Electro Magnetic Compatibility	电磁兼容
EOL	End – of – Life	寿命终止
E_A	Activation Energy	激活能
FMEA	Fault Modes and Effect Analysis	故障模式与影响分析
FMECA	Failure Mode，Effects and Criticality Analysis	故障模式、影响及危害性分析
FTA	Fault Tree Analysis	故障树分析
IEEE	Institute of Electrical and Electronics Engineers	电气电子工程师学会（美国）
k	Boltzmann Constant	玻耳兹曼常数
MC	Monte Carlo	蒙特卡罗
MCA	Monte Carlo Analysis	蒙特卡罗分析
MEA	Main Error Amplifier	主误差放大
PCB	Printed Circuit Board	印制电路板
PDF	Probability Density Function	概率密度函数
PDR	Preliminary Design Review	初步设计检查
RSS	Root Square Sum	平方根
RSSA	Root Square Sum Analysis	平方根分析
RF	Radio Frequency	射频
SA	Sensitivity Analysis	灵敏度分析
SEE	Single – Event – Effect	单粒子效应
Tj	Junction Temperature	结温

续表

缩略词	英文全称	中文含义
WCCA	Worst Case Circuit Analysis	最坏情况电路分析
WCPSA	Worst Case Parts Stress Analysis	最坏情况元器件应力分析
WCCPA	Worst Case Circuit Performance Analysis	最坏情况电路性能分析

参 考 文 献

［1］ 坪内和夫．可靠性设计［M］．北京：机械工业出版社，1983．

［2］ GJB/Z 223—2005，最坏情况电路分析指南［S］．2005．

［3］ Q/QJA 721—2019，航天电子产品最坏情况电路分析指南［S］．

［4］ THOTTUVELIL V J. Accelerated tolerance analysis of power – supply protection circuits using simulation［J］．IEEE，1995：169 – 175．

［5］ SMITH W M. Worst case circuit analysis – an overview（electronic parts/circuits tolerance analysis）［C］．Proceedings of Annual Reliability and Maintainability Symposium. Laurel Springs，1996：326 – 334．

［6］ FOCHT R，PEACOCK M. Simulation as an aid to worst case design［M］．Visteon Corporation，2004．

［7］ Reliability Analysis Center. Worst Case Circuit Analysis Application Guidelines，1993．

［8］ ECSS – Q – HB – 30 – 01A，Worst case analysis［S］．2011．

［9］ Dr. Ro d Barto. An Outline of Worst Case Analysis Requirements for Digital Electronics，1999．

［10］ JPL Publication D – 5703，"Reliability Analysis Handbook"，July 1990．

［11］ 栾恩杰．航天系统工程运行［M］．北京：中国宇航出版社，2010．

［12］ 赵敏，宁振波．铸魂——软件定义制造［M］．北京：机械工业出版社，2020．

［13］ 马斯格雷夫，拉森，斯高巴．空间系统安全设计［M］．北京：航空工业出版社，2011．

［14］ 美国国家航空航天局．系统工程手册．NASA/SP – 2007 – 6105 Rev 1，2007．

［15］ 盛骤，等．概率论与数理统计［M］．杭州：浙江大学出版社，2001．

［16］ 邹依仁，张维铭．统计抽样法［M］．上海：上海人民出版社，1983．

［17］ 夏乐天．应用概率统计［M］．北京：机械工业出版社，2008．

［18］ 耿索云，等．离散数学［M］．北京：清华大学出版社，2008．

［19］ 产品可靠性蓝皮书［Z］．美国国防部可靠性分析中心．

［20］ 钱学森，许国志，王寿云．论系统工程（增订本）［M］．长沙：湖南科学技术出版社，1988．

［21］ VON BERTALANFFY L. General Systems Theory［M］．New York：Braziller，1968．

［22］ A P SAGE. Systems Engineering［M］．New York：John Wiley & Sons Inc.，1992．

［23］ BENJAMIN S. BLANCHARD，WOLTER J. FABRYCKY．系统工程与分析［M］．北京：清华大学出版社，2002．

［24］ WAYNE C. TURNER，et al. 工业与系统工程概论［M］．3版．北京：清华大学出版社，2002．

［25］ 彭博，杜平安，夏汉良，等．电子产品多物理场耦合仿真方法研究［J］．系统仿真学报，2010，22（4）．